Meyenburg • Nördlicher Mittelharz

Streifzüge durch die Erdgeschichte

herausgegeben von Dr. Gunnar Meyenburg

Die faszinierendste Geschichte der Erde ist die Geschichte der Erde selbst. Namhafte Autoren vermitteln in der Buchreihe „Streifzüge durch die Erdgeschichte" einen anschaulichen, lebendigen und verständlichen Einblick in die oftmals spektakulären Prozesse der Entwicklung unseres Lebensraums über Hunderte von Millionen Jahren. Jeder einzelne Band motiviert die Leser, den Spuren der erdgeschichtlichen Entwicklung im Gelände zu folgen und auch teilweise heute noch wirksame Kräfte kennen zu lernen. In Verbindung mit vielfältigen, ergänzenden Informationen zu Lehrpfaden, Mineral- und Fossilfundstellen, Museen, Schaubergwerken und vieles andere mehr, ist jeder Band der Reihe die ideale geotouristische Begleitung und abgestimmt auf die Besonderheiten der jeweils behandelten Region. Die Abschnitte sind dabei so gewählt, dass sie bequem zu Fuß erkundbar sind.

Bereits lieferbar:

Nördliche Rhön, Nördliche Oberpfalz, Nationalpark Berchtesgarden, Lahn-Dill-Gebiet, Hunsrück, Fichtelgebirge, Altmühltal, Mecklenburgische Eiszeitlandschaft, Mecklenburgische Seenplatte, Oberharz, Wutachregion

Demnächst erscheinen:

Nordwestliches Harzvorland, Südschwarzwald und Kaiserstuhl, Osteifel, Süd- und Ostharz

Weitere Regionen in Vorbereitung.

Falls Sie laufend über die Neuerscheinungen informiert werden möchten, nutzen Sie bitte die Bestellkarte in der Mitte des Buches.

Streifzüge durch die Erdgeschichte

Gunnar Meyenburg

Nördlicher Mittelharz

Geologische Vielfalt rund um den Brocken

edition Goldschneck
im Quelle & Meyer Verlag

Der Herausgeber und Autor:

Dr. Gunnar Meyenburg
Osterstraße 187
20255 Hamburg
e-Mail: info@sci-script.de

Bibliografische Information der Deutschen Nationalbibliothek
Die Deutsche Nationalbibliothek verzeichnet diese Publikation in der Deutschen Nationalbibliografie; detaillierte bibliografische Daten sind im Internet über http://dnb.d-nb.de abrufbar.

Fotos: Gunnar Meyenburg (wenn nicht anders angegeben)
Topographische Karte: Theiss Heidolph, Dachau
Druck und Verarbeitung: Himmer GmbH Druckerei & Verlag, Augsburg
Printed in Germany/Imprimé en Allemagne
ISBN 978-3-494-01656-6

Aufschlüsse, Bergbauzeugnisse und besuchenswerte Einrichtungen

Die Nummern entsprechen den bei den Wanderungen und im Kapitel „Nützliches und Informatives“ angegebenen. Geographische Koordinaten finden Sie zusammen mit einer Kurzbeschreibung der Lokalitäten ab S. 183.

1 Zechengelände der Grube Braunesumpf (S. 31)
2 Pinge am Holzberg, ehem. Eisenerzabbau (S. 32)
3 Kalkstbr. Garkenholz (S. 33, 169)
4 Blauer See (S. 34)
5 Felsanschnitt einer Grauwacken-Tonschiefer-Wechsellagerung (S. 35)
6 Schachtpinge und Halden am Krockstein (S. 35)
7 Einstiger Hütteplatz in Neuwerk (S. 39)
8 Diabasstbr. an der Bode (S. 39)
9 Dachschieferbrüche im Schiefertal (S. 40)
10 Hermanns- u. Baumannshöhle (S. 43, 166, 179)
11 Ruine Birkenfeld und Hoher Kleef (S. 47)
12 Brauhausquelle (S. 48)
13 Kalkstein-Tagebau Elbingerode (S. 48)
14 Grube Blanke Wormke (S. 50)
15 Klippen aus Vulkaniklastiten (S. 51)
16 Straßenanschnitt in Keratophyren und Tuffiten, Königshütter Wasserfall (S. 51)
17 Kalkstbr. mit roteisenreichem Trum (S. 52)
18 Stbr. in Grauwacken u. Grauwackenschiefern (S. 53)
19 Aufschlusskette im Hüttenrode-Olisthostrom (S. 54)
20 Kalksteinblöcke mit Calcitmineralen (S. 57)
21 Weganschnitt in Wissenbacher Schiefern (S. 58)
22 Weg- u. Hanganschnitt in Grauwacken u. Grauwackenschiefern (S. 61)
23 Klippen aus Grauwacken-Grauwackenschiefer-Wechselfolgen, Hangschutt (S. 62)
24 Furt durch die Warme Bode, Bodeachate (S. 64)
25 Schwermetallrasen (S. 65)
26 Aussichtspunkt auf dem Kapitelsberg (S. 66)
27 Klippen aus Grauwacken-Grauwackenschiefer-Wechsellagerungen (S. 66)
28 Bergwiesen-Lehrpfad (S. 68)
29 Calcium-Radium-Quelle (S. 70)
30 Behringer-Brunnen (S. 70)
31 Rosstrappenfelsen, Granit mit Quarzgängen (S. 73)
32 Homburgwarte (S. 75)
33 Aussichtspunkt La Viershöhe (S. 76)
34 Aussichtspunkte Bodetalblick u. Prinzensicht (S. 77)
35 Bodeklamm im Hirschgrund (S. 78)
36 Aktives Geröllfeld der Schurre, Bergsturz (S. 79)
37 Bodekessel in der Bodeklamm (S. 80)
38 Anschnitt d. Kontakts zw. Granit u. Hornfels (S. 81)
39 Knotenschieferschutt-bedeckter Hang (S. 82)
40 Felsblock aus Kalksilikathornfels (S. 83)
41 Querschnitt durch den Bodegang (S. 84)
42 Klippe aus Wissenbacher Schiefer (S. 84)
43 Weganschnitte in kontaktmetam. Tonschiefern mit Quarzit- u. Kalksilikatfelslagen (S. 86)
44 Stbr. im Bodetal-Kersantit (S. 85)
45 Stollenmundloch d. Braunschweigischen Zeche, hydrothermale Gangstruktur (S. 87)
46 Ehem. Treseburg, Quarzgänge in Diabas (S. 88)
47 Aussichtspunkte Wilhelmsblick, Krügerslust u. Dobblers Höhe, Tunnel durch Mäanderhals (S. 89)
48 Moränenbildungen in der Steinernen Renne (S. 95)
49 Klippe Silberner Mann mit Quarzmineralisationen, hydrothermale Gangstruktur (S. 96)
50 Wasserfälle der Holtemme (S. 97)
51 Hohensteinklippen, Granitfelsburgen (S. 97)
52 Ottofelsen, besteigbare Granitfelsburg (S. 98)
53 Aufschlusswand in vergrustem Granit (S. 100)
54 Dioritstbr., Granitapophyse in Quarziten, hydrothermaler Quarzgang (S. 101)
55 Hanganschnitte im Unt. Wernigerode-Flinz (S. 102)
56 Stollenmundloch d. Grube Aufgeklärtes Glück, hydrothermaler Gang, Wasserkunst (S. 104)
57 Lossen-Denkmal, Geol.-naturkundl. Lehrpfad (S. 105)
58 Stollenmundloch d. Grube König Friedrich (S. 105)
59 Weganschnitt in Plattenschiefern (S. 106)
60 Feuersteinklippe, Granitfelsburg (S. 107)
61 Ahrensklint, besteigbare Granitfelsburg (S. 109)
62 Glashüttenwiese am Jakobsbruch (S. 109)
63 Leistenklippe, besteigbare Granitfelsburg (S. 111)
64 Bärenklippe, Hornfels (S. 112)
65 Trudenstein, kl. besteigbare Granitfelsburg (S. 113)
66 Kiesgrube, ehem. Abbau von Granitgrus (S. 114)
67 Granitstbr. Knaupsholz (S. 115)
68 Holzbohlensteg durch das Gr. Torfhausmoor (S. 118)
69 Aussichtsplattform am Bodemoor (S. 123)
70 Rastplatz Eckersprung oberh. d. Eckerquelle (S. 124)
71 Anschnitt im Torfkörper des Goethemoors (S. 127)
72 Felsformationen Teufelskanzel u. Hexenaltar (S. 129)

73 Gipsstbr. (Mammutbruch), Zechstein (S. 132)
74 Teufelsmauer bei Neinstedt, verkieselter Heidelberg-Sandstein, Teufelsmauergarten (S. 136)
75 Findlinge an der St. Katharinenkirche auf dem Kirchberg in Neinstedt (S. 136)
76 Sandgrube nahe der Warnstedter Mühle, Heidelberg-Sandstein (S. 140)
77 Besteigbare Felsformation Großvaterfelsen auf Teufelsmauer bei Blankenburg, verkieselter Heidelberg-Sandstein (S. 141)
78 Felsformation Hamburger Wappen auf Teufelsmauer bei Timmenrode, verkieselter Heidelberg-Sandstein (S. 141)
79 Besteigbare Felsformation Gr. Gegenstein, verkieselter Involutus-Sandstein (S. 141)
80 Kalkstbr. am Bückeberg, steil stehende Sedimente der Wellenkalk-Folge (S. 143)
81 Bahneinschnitt am Kirchenberg, steil stehende Sedimente d. Unt. Buntsandsteins (S. 146)
82 Aussichtsturm auf dem Austberg (S. 148)
83 Steil stehende Gesteinsfolge vom Unt. Muschelkalk bis Keuper am Ziegenberg (S. 149)
84 Ehem. Abbau von Rogenstein (Unt. Buntsandstein), Stromatolithen (S. 150)
85 Stollenmundloch mit Hunt, ehem. Abbau von oligozänen Grünsanden (S. 153)
86 „Cloos'scher Aufschluss", Ob. Muschelkalk diskordant von Oberkreide überlagert (S. 153)
87 Klostergraben, Wellenkalk-Folge, Pelitröt, Geologischer Lehrpfad, Erdfall (S. 155)
88 Karsthöhle Volkmarskeller im Klostergrund (S. 156)
89 Kalkstbr. in Michaelstein, Unt. Muschelkalk diskordant von Oberkreide überlagert (S. 156)
90 Wasserräder der ehem. Regensteinmühle am Mühlenwanderweg (S. 158)
91 Festung Regenstein, Heidelberg-Sandstein (S. 158)
92 Sandgrube im Heers mit künstl. Höhlen (S. 160)
93 Grotte und Herzklippe, Riffkalk, Bioherm (S. 166)
94 Hanganschnitt in oberdevon. Buntschiefern (S. 171)
95 Schaubergwerk Büchenberg, Bergbaulehrpfad (S. 174, 179)
96 Großer Graben, Eiserner Hut einer Sulfidlagerstätte, Schachtgerüst der Grube Einheit (S. 176)
97 Harzmuseum (S. 178)
98 Heimatmuseum Altenbrak (S. 178)
99 Hütten- und Technikmuseum (S. 178)
100 Museum Heineanum (S. 178)
101 Bergwerksmuseum Grube Glasebach (S. 179)
102 Geol. Fenster im Bürgerpark Wernigerode (S. 180)
103 Harzköhlerei Stemberghaus (S. 180)
104 Info-Zentrum u. geol. Info-Pkt. an der Talsperre Wendefurth (S. 7, 180)
105 Info-Punkt an der Rappbodetalsperre, Aussichtsterrasse (S. 7, 180)
106 Brockenhaus, Brockengarten (S. 129, 181)
107 Nationalpark-Besucherzentrum TorfHaus (S. 118, 181)
108 Nationalparkhaus Ilsetal (S. 181)
109 Nationalparkhaus Schierke (S. 181)
110 Naturerlebniszentrum HohneHof (S. 116, 181)

Danksagung

An der Fertigstellung des vorliegenden Buches haben etliche Personen und Einrichtungen auf unterschiedlichste Weise mitgewirkt. Ihnen allen möchte ich an dieser Stelle meinen herzlichsten Dank aussprechen. Besonders danken möchte ich Herrn Prof. Dr. Carsten Brauckmann und Frau Dr. Elke Gröning vom Institut für Geologie und Paläontologie der TU Clausthal für die Unterstützung bei der taxonomischen Einordnung von Fossilien sowie für die Bereitstellung einiger der in diesem Buch verwendeten Grafiken. Der Sammlung Paläontologie des genannten Instituts sowie dem Heimatmuseum Altenbrak sei ausdrücklich gedankt für die Bereitstellung von Fotos von Exponaten bzw. die Erlaubnis, Fotos von Exponaten anfertigen und für dieses Buch nutzen zu dürfen. Nicht zuletzt gilt mein ganz besonderer Dank meiner Frau, Maja Karrasch, die mich bei den zahlreichen Geländebegehungen stets begleitet hat. Mit ihren Anregungen und kritischen Anmerkungen zum Manuskript sowie mit zahlreichen Fotos hat sie wesentlich zum Gelingen des Buches beigetragen.

Gunnar Meyenburg

Zur Reihe „Streifzüge durch die Erdgeschichte“

Liebe Leserinnen, liebe Leser,

das wachsende Interesse an Natur und Umwelt hat in den vergangenen Jahren auch bei geowissenschaftlich orientierten Themen nicht Halt gemacht. Oftmals waren es Naturereignisse, die die Geowissenschaften stärker in das Licht der Öffentlichkeit gerückt haben, aber auch Fragen, die unsere Zukunft betreffen. Die Deckung des Rohstoffbedarfs und die Diskussion um klimatische Veränderungen und deren Ursachen und Folgen sind nur einige Beispiele.

Die Erde und das Leben auf diesem Planeten haben im Laufe ihrer Entwicklung ausgesprochen vielfältige und dramatische Veränderungen erfahren. Vieles davon lässt sich an den Gesteinen als deren stumme Zeugen trotz ihres oft schwer vorstellbaren Alters, aber auch an der Gestalt der Landschaft ablesen. Gerade dieser Blick in die Vergangenheit ist es, der uns Prognosen über Zukunftsszenarien erlaubt, indem die Rekonstruktion einstiger Umwelt- und Lebensbedingungen mit Vorgängen und Gesetzmäßigkeiten verknüpft werden, die zu diesen Bedingungen geführt haben.

Natürlich steckt hinter diesem Erkenntnisgewinn weit mehr als das, was sich dem Betrachter geologischer Objekte vor Ort erschließen kann. Akademische Diskussionen sind jedoch nicht Gegenstand dieser allgemeinverständlich gehaltenen Reihe. Die Autoren und ich möchten Ihnen vielmehr Erdgeschichte zum Erleben bieten und Sie dazu auf eine ereignisreiche und spannende Reise mitnehmen. Die Buchreihe „Streifzüge durch die Erdgeschichte“ richtet sich vor allem an all jene, die sich nicht ausschließlich an der Schönheit und den Eigenheiten von Landschaften erfreuen möchten, sondern sich zugleich auch Gedanken über deren Entstehung machen und nach entsprechenden Antworten suchen.

Sie will motivieren, sich auf die Suche nach den Spuren der äußerst bewegten Erdgeschichte Deutschlands und Mitteleuropas zu begeben und die mit ihr untrennbar verbundene Geschichte des Lebens selbst nachzuempfinden, ohne dass hierzu eine fachliche Vorbildung vonnöten wäre. Die einzelnen Bände begnügen sich nicht mit einer isolierten, steckbriefartigen Darstellung geologischer Objekte, sondern stellen die Synthese von Einzelinformationen zu einem Gesamtbild zur Entwicklungsgeschichte einer Landschaft stark in den Vordergrund. Die Größe der jeweils vorgestellten Gebiete ist daher auch überschaubar gehalten.

Ich möchte mich an dieser Stelle bei allen Autoren, die an dieser Buchreihe mitwirken, bedanken, die den komplexen Stoff der Intentionen der Reihe entsprechend verständlich und anschaulich darstellen.

Ganz ohne Fachtermini geht es dabei allerdings nicht. Damit der Lesefluss nicht durch Begriffserklärungen gestört wird, wurde die Marginalspalte genutzt, um wichtige Begriffe kurz zu erläutern oder auch andere Hinweise zu geben. Der dort in blauer Schrift gehaltene Text dient der leichteren Navigation innerhalb der Kapitel.

Nun wünsche ich Ihnen viel Freude und aufschlussreiche Einblikke in die Erdgeschichte bei Ihren geologischen Streifzügen.

Dr. Gunnar Meyenburg
Herausgeber

Inhaltsverzeichnis

Landschaft, Natur und Geologie einer einstigen Montanregion

Der Harz – wer denkt da nicht an tiefe Wälder, enge Täler mit wild-romantischen Wasserläufen und eine ursprüngliche Tier- und Pflanzenwelt? Auch wenn der Harz von alledem ausgesprochen viel zu bieten hat, so handelt es sich doch um eine in starkem Maße vom Menschen geprägte Landschaft. Zwar sind die Wunden, die der Bergbau einst in die Landschaft geschlagen hat, weitgehend verheilt, doch wer mit offenen Augen den Harz bereist, wird bemerken, dass in vielen Regionen kaum ein Stein auf dem anderen geblieben ist. Seit dem Niedergang des Bergbaus hat sich der Harz von einer der bedeutendsten Montanregionen Europas zu einem attraktiven Reiseziel für Wanderer und Naturliebhaber entwickelt.

Unser Gebiet lässt sich in etwa mit den Eckpunkten Wernigerode, Torfhaus, Benneckenstein und Ballenstedt umreißen. Es umfasst den nördlichen Mittelharz einschließlich des Brockenmassivs sowie einen Teil des nördlich angrenzenden Harzvorlands. Die geologische Geschichte des Harzes und seines unmittelbaren Umlands können nicht unabhängig voneinander betrachtet werden, zu ausgeprägt war die wechselseitige Beeinflussung durch geologische Ereignisse. Gleichsam hat die Geschichte des Harzer Bergbaus die kulturelle Entwicklung seines Umlands maßgeblich geprägt. Von daher findet die Absteckung für unser Exkursionsgebiet gleich in zweifacher Hinsicht ihre Berechtigung.

Das Exkursionsgebiet liegt innerhalb des 2004 gegründeten *Geoparks Harz . Braunschweiger Land . Ostfalen*. Geoparks sind ausgewiesene Regionen, die aufgrund ihrer naturräumlichen Ausstattung und geologischen Aufschlussverhältnisse in besonders offenkundiger Weise Zeugnis über ihre erdgeschichtliche und landschafliche Entwicklung und die Vorkommen natürlicher Ressourcen ablegen. Neben dem Schutz von Geotopen ist es Ziel des Geoparks, das geowissenschaftliche Erbe einer breiten Öffentlichkeit über verschiedene geotouristische Angebote zugänglich und Erdgeschichte damit erlebbar zu machen.

Aussicht vom Großen Gegenstein bei Ballenstedt (s. S. 141) in westliche Richtung auf den Harzrand. Der Blick reicht von der Viktorshöhe im Rambergmassiv (links) über den Brocken (Mitte) und die Blankenburger Mulde bis nach Quedlinburg an der Südflanke des Quedlinburger Sattels (rechts).

Landschaftliche Vielfalt auf engstem Raum

Sowohl der Harz als auch sein Vorland sind ausgesprochen reich an landschaftlichen Gegensätzen, erdgeschichtlichen Zeugnissen und Naturdenkmälern. Der Nordrand des Harzes hebt sich markant aus dem flachwelligen Harzvorland heraus. Morphologisch ebenso scharf ausgeprägt ist der Übergang zum Leinetalgraben im Westen. Dagegen erfolgt der Übergang des Harzes zur Thüringischen Senke im Süden, obwohl wie im Norden und Westen störungsbegrenzt, zumeist ohne scharfe morphologische Grenze. Im Osten, Richtung Mansfelder Land, geht er in einer Höhenlage von etwa 250 m ü. NN fast unmerklich in das östliche Harzvorland über. Gekrönt wird dieses Mittelgebirge von dem Brockenmassiv, dessen gewölbte Kuppe bei guten Wetterlagen weithin sichtbar ist.

Sattel, Mulde: (breite) Faltenstruktur mit nach unten bzw. oben divergierenden Schenkeln

Zur Salztektonik s. Kasten Seite 19

Das nördliche Harzvorland ist durch schmale, sanfte, mehr oder weniger langgestreckte und dem Harzrand weitgehend parallel verlaufende Erhebungen und dazwischenliegende weite Senken geprägt. Geologisch handelt es sich um Sattel- und Muldenstrukturen, für die vor allem salztektonische Vorgänge im Untergrund verantwortlich sind. Während die Senken überwiegend ackerbaulich genutzt werden, sind die Sättel bewaldet.

Erosion: Abtragung, v. a. durch Wasser, Wind und Eis

Unmittelbar nördlich an den Harz grenzend treten in einer schmalen Zone die Schichtköpfe einer nahezu senkrecht stehenden Schichtenfolge aus unterschiedlich widerstandsfähigen Sedimentgesteinen zutage. Die Erosion hat hier ein welliges Relief aus schmalen, langgestreckten, harzrandparallelen Anhöhen und dazwischenliegenden Senken in die Landschaft

modelliert. Die Senken und die flacheren Hangbereiche werden landwirtschaftlich genutzt. Abhängig von den im Untergrund anstehenden Gesteinen sind die Anhöhen teils bewaldet, teils mit einer kargen Vegetation aus Sträuchern und Wiesen bestanden, die sie als Trockenstandorte ausweist. Diese einzigartige Region wird als Schichtrippenlandschaft bezeichnet und bildet geologisch die Aufrichtungszone der Sedimente des Harzvorlands.

Am Fuß des Harzes stehen wir unmittelbar auf der Harznordrand-Störung. Bäche und Flüsse haben tief in den Harz hineinziehende Täler in das Gebirge geschnitten. Auch südlich des durchweg bewaldeten und intensiv zertalten Harznordrands haben die Flüsse tiefe Täler in die Landschaft geformt. Zu den markanten Landschaftselementen zählen hier die Talsperren v. a. im Verlauf der Bode und ihrer Zuflüsse.

Zur Harznordrand-Störung s. Seite 24

Die in großen Teilen reliefarme Region zwischen Elbingerode, Rübeland und Königshütte hebt sich – abgesehen von den großen Kalkstein-Tagebauen – auch durch das Vorherrschen von Grünlandwirtschaft deutlich von ihrer Umgebung ab. Die hiesigen Vulkanite und Riffkalke repräsentieren eine erdgeschichtliche Entwicklung, der die reichen Eisenerzlager, die die Grundlage für die lange Bergbaugeschichte dieser Region darstellten, ihre Bildung verdanken.

Zur Genese der Eisenerze s. Seite 172

Eine gewisse Sonderstellung nehmen die Granitlandschaften des Rambergs im Osten und des Brockens im Westen unseres Exkursiongebiets ein. Aufgrund der vergleichsweise hohen Verwitterungsresistenz der Granite heben sie sich morphologisch markant aus ihrer Umgebung heraus. Insbesondere der Brocken bildet einen ziemlichen Klotz in der Landschaft, der die Gipfel

Das Bodewerk – ein Verbund aus mehreren Stauseen

Wasser war für die Menschen im Harz seit jeher Fluch und Segen zugleich. Fluch zum einen deshalb, weil Hochwässer die Harzer Flüsse und Bäche immer wieder über die Ufer treten ließen, was früher in den Orten im Harz und Harzvorland zur Zeit der Schneeschmelze und bei Starkregen regelmäßig zu schweren Überschwemmungen geführt hat, und zum anderen deshalb, weil die Wasserzutritte in die Stollen den Bergbau nach der Tiefe zu vor enorme technische Herausforderungen stellten. Auf der anderen Seite war der Harzer Wasserreichtum ein Segen, denn ohne die Nutzung der Wasserkraft zum Antrieb von Wasserrädern hätte das Harzer Montan- und Hüttenwesen bei Weitem nicht die Bedeutung erlangen können, die es über viele Jahrhunderte hatte.

Später verlor der Erzbergbau zwar an Bedeutung, die Hochwassergefahr blieb aber weiterhin ein großes Problem. Daher entschied man sich dazu, mithilfe von Talsperren den Wasserhaushalt der großen Harzflüsse zu regulieren. Die Bode hat das größte Einzugsgebiet unter den Harzer Flüssen. Das Bodewerk, eines der bedeutendsten wasserbaulichen Anlagen Deutschlands, besteht aus insgesamt sechs Talsperren, die zwischen 1956 und 1967 in Betrieb genommen wurden. Hauptstauwerk ist die Rappbodetalsperre, die mit 106 m Höhe die höchste Staumauer Deutschlands besitzt. Und mit 113 Mio. m^3 Stauraum ist sie auch die größte Talsperre des Harzes.

Zum Bodewerk gehören weiterhin die Vorsperren von Hassel und Rappbode sowie die Talsperren Wendefurth, Königshütte (Überleitungssperre) und Mandelholz (Hochwasserschutzbecken Kalte Bode). Die beiden Vorsperren der Rappbodetalsperre dienen der mechanischen und biologischen Vorklärung des Wassers. Im Unterschied zu den übrigen Talsperren wird dort kein Strom erzeugt. Der Rappbodetalsperre, die eine Region weit über den Harz hinaus mit Trinkwasser versorgt, wird durch einen Stollen Wasser aus der Überleitungssperre bei Königshütte zugeführt. Außer dem Hochwasserschutz und der Trinkwassergewinnung dient das Talsperrrensystem auch der Niedrigwasseraufhöhung und teilweise auch der Fischerei. Teil des Talsperrensystems ist auch das Pumpspeicherwerk Wendefurth. Überschüssiger Strom aus Grundlastkraft-

der umliegenden Berge außerhalb des Granitgebiets um etwa 600 m überragt. Demgegenüber überragen letztere in unserem Gebiet das nördliche Harzvorland lediglich um gerade mal 300 m. Imposante Felsburgen und nicht minder beeindruckende Felsenmeere aus gewaltigen Granitblöcken treffen wir vor allem in der Brockenregion in großer Zahl an. Charakteristisch für die Brockenregion sind auch die ausgedehnten Moore westlich und südwestlich des Brockengipfels, die sich dort infolge der extremen klimatischen Gegebenheiten entwickelt haben.

Zur Moorentwicklung s. Kasten Seite 120

Sich in dem Gebiet zwischen den Granitmassiven des Brockens und Rambergs weiter nach Süden orientierend, zeichnet sich die Landschaft alsbald durch sanftere Bergformen und eine gegenüber dem Harznordrand weniger intensive Zertalung aus. Die Kombination der geringeren Reliefenergie mit vergleichsweise fruchtbaren Böden ermöglicht in der südli-

Blick von der Aussichtsterrasse des Harzer URANIA e. V. auf die Rappbodetalsperre (Foto: M. Karrasch).

werken wird dazu verwendet, Wasser der Talsperre Wendefurth in ein oberhalb gelegenes Speicherbecken zu pumpen, welches bei Bedarf zwei Turbinen im 126 m tiefer gelegenen Maschinenhaus antreibt.
In dem Gebäude des Talsperrenbetriebs an der Talsperre Wendefurth (**104**) erfährt man mehr über das Talsperrensystem. Es werden auch Führungen durch die Kontrollgänge der Staumauer angeboten, wobei aus geologischer Sicht der Untertageaufschluss in Wissenbacher Schiefern in der seitlichen Gründung der Staumauer interessant ist. Neben dem Tosbecken unterhalb der Staumauer wurde ein geologischer Informationspunkt mit einem Gesteinsgarten angelegt. Weitere Informationen zum Talsperrensystem erhält man auf der Aussichtsterrasse oberhalb der Staumauer der Rappbodetalsperre (**105**), die man vom Parkplatz nordwestlich derselben erreicht. Hier hat der Harzer URANIA e. V. einen Infoplatz mit zahlreichen Schautafeln eingerichtet. Mitglieder des Vereins stehen Besuchern als Ansprechpartner vor Ort zur Verfügung.

chen Umrahmung unseres Exkursionsgebiets verbreitet Ackerbau. Landschaftlich besonders reizvoll sind die hier verbreitet anzutreffenden ausgedehnten Bergwiesen.

Zu den Harzer Bergwiesen s. Kasten Seite 68

Vom undurchdringlichen Bergwald zum Bergbauzentrum

Der Name „Harz“ leitet sich von „Hart“ ab, wie das Gebirge noch im Mittelalter genannt wurde und was „Bergwald“ bedeutet. Der Holz- und Wildreichtum hat die Menschen seit alters her in das damals noch unwirtliche Gebirge gelockt. Aber auch der Reichtum an Bodenschätzen war den Menschen seit weit mehr als 1 000 Jahren bekannt. Im hier betrachteten Gebiet spielten vor allem die Eisenerzvorkommen im Elbinger-

Elbingeröder Komplex *s. Grafik Seite 30*

Rennofen: aus Lehm oder Steinen errichteter kleiner Schachtofen, der wechselschichtig mit Holzkohle und fein zerkleinertem Erz befüllt wurde

öder Komplex, die reichsten des gesamten Harzes, eine herausragende Rolle. Der Bergbau auf Buntmetalle und Silber hat dagegen im Mittelharz zu keiner Zeit auch nur annähernd die Bedeutung erlangt wie im Oberharz.

Die Verhüttung von Eisenerzen in Rennöfen, die in der Regel nahe der jeweils abgebauten Erzlager errichtet wurden, ist im Mittelharz ab dem 10. Jh. nachgewiesen. Funde von Verhüttungsschlacken und dem Elbingeröder Komplex zugeordneten Erzresten an Siedlungsplätzen aus der römischen Kaiserzeit (2. – 4. Jh.) im nördlichen Harzvorland belegen jedoch, dass die Anfänge des Eisenerzbergbaus sehr viel weiter zurück liegen. Anfangs dürfte sich der Bergbau auf das Auflesen von Erzbrocken beschränkt haben, denn die Erzlager strichen vielerorts an der Erdoberfläche aus. Später wurde das Erz in mehr oder weniger kleinen Gruben, sogenannten Pingen, abgebaut.

Dauerhafte Siedlungen gab es zu dieser Zeit im Mittelharz wohl noch nicht. Die damaligen Bergleute verweilten an einem Ort nur so lange, wie sie das Erz mit geringem Aufwand gewinnen konnten. Mit dem steigenden Bedarf an Eisen wuchs auch der Bedarf an Holz, denn für die Verhüttung wurden große Mengen an Holzkohle benötigt. Technische Weiterentwicklungen, einhergehend mit der Nutzung der Wasserkraft, führten seit Beginn des 14. Jh. zur Ablösung der wenig effizienten Rennöfen durch bis zu 3 m hohe Schacht- und Stücköfen. Während die Rennöfen überwiegend auf den Hochflächen betrieben wurden, um den Wind zur Befeuerung besser nutzen zu können, waren die neuen Hüttenbetriebe mit ihren wasserkraftbetriebenen Blasebälgen auf wasserreiche Flüsse angewiesen. Mit dieser Entwicklung zu ortsfesten Hüttenbetrieben war nun die Voraussetzung für die Gründung dauerhafter Siedlungen gegeben. Die Eisenproduktion stieg beträchtlich, und sie stieg abermals deutlich an, als im 16. Jh. die ersten Holzkohlehochöfen in Betrieb genommen wurden. Der Mittelharz entwickelte sich zu einem überregional bedeutsamen Zentrum der Eisengewinnung.

Der Rohstoffreichtum zog bereits vor über 1 000 Jahren auch weltliche und geistliche Würdenträger an und in den Harz. Pfalzen und Burgen nicht nur entlang des Harzrands dienten der Sicherung ihres Einflusses, prunkvolle Schlösser demonstrierten Macht und Wohlstand, zumindest den des Adels, und auch Mönche und Nonnen suchten mit ihren Klostergründungen nicht nur die Abgeschiedenheit von weltlichen Dingen, sondern übten ebenfalls Einfluss auf die Entwicklung der Region aus.

Funktionstüchtiger Nachbau einer Wasserkunst im Thumkuhlental südwestlich von Hasserode *(s. S. 103).*

Der Aufschwung der Eisenindustrie verlief aber alles andere als kontinuierlich. Die Zerstörung vieler Hütten und Plünderungen infolge kriegerischer Auseinandersetzungen sowie Pestepidemien führten wiederholt zu gravierenden Einschnitten. Ebenfalls sorgte der hemmungslose Raubbau an den Wäldern insbesondere zur Holzkohleerzeugung, aber auch zur Holzgewinnung für den Bergbau, der zunehmend im Untertagebetrieb fortgesetzt wurde, für Einschränkungen und Unterbrechungen bei der Erzförderung und -verhüttung. Gegen Ende des 17. Jh. war der Harz nahezu vollständig entwaldet, sodass letztendlich die verfügbare Menge an Holzkohle die Produktivität bestimmte. Erst um 1730 begann man mit der systematischen Wiederaufforstung. Dass man hierbei überwiegend Fichten anpflanzte, hat nicht nur etwas mit der Schnellwüchsigkeit dieser Baumart zu tun. Das langfaserige Fichtenholz hat eine Eigenschaft, die bei den Bergleuten auf das Höchste geschätzt wurde: „Fichten sprechen, bevor sie brechen“ – so sagt ein Sprichwort. Anders als kurzfaserige Hölzer wie etwa Eichenholz kündigen unter übermäßigem Gebirgsdruck stehende Stützen und Streben aus Fichtenholz ein bevorstehendes Brechen geräuschvoll an.

Letztendlich konnten die Hütten mit der fortschreitenden Entwicklung andernorts aber nicht Schritt halten. Steigende Produktionskosten durch immer größere Abbautiefen und die dafür notwendigen Wasserhaltungsmaßnahmen, veraltete Abbaumethoden, eine zunehmende mit Kokshochöfen kostengünstiger produzierende in- und ausländische Konkurrenz, die ungünstige Infrastruktur und die fehlende Anbindung an

Schachtgerüst der Grube Einheit nahe des „Großen Grabens" zwischen Elbingerode und Rübeland (s. S. 175 u. 176).

das schnell wachsende Bahnnetz in Deutschland führten schließlich zu einem Niedergang des Mittelharzer Eisenerzbergbaus, der auch durch Privatisierungen in der 2. Hälfte des 19. Jh. und kurzzeitige Phasen des Auflebens im 20. Jh. nicht aufgehalten werden konnte. Als letztes Eisenerzbergwerk des Harzes schloss im Jahre 1990 die Grube Einheit bei Rübeland ihre Tore.

Mit der Schließung der letzten Hütten-, Hammer-, Poch- und Walzwerke im Mittelharz schon viele Jahrzehnte zuvor ist es im Harz sehr viel ruhiger geworden. Auch dem beißenden Rauch, den diese Betriebe und die Kohlenmeiler erzeugten, werden wir nicht mehr ausgesetzt sein. Den Spuren dieser einst so bedeutenden Montanindustrie werden wir auf unseren Streifzügen durch die Erdgeschichte aber an vielen Orten begegnen. Zuweilen sind es nur Hinweistafeln, die auf die Besonderheit einer Lokalität aufmerksam machen, ein anderes Mal sind es eindrucksvolle Relikte vergangener Zeiten. Insbesondere die Schaubergwerke und etliche weitere museale Einrichtungen vermitteln dem Besucher eine Ahnung von den harten Lebens- und Arbeitsbedingungen der Bergleute und Hüttenarbeiter.

Infos und Kontakt zu Anlaufstellen s. Kap. „Nützliches und Informatives" ab Seite 177

Erdgeschichtlicher Überblick

Plattentektonik: mechanistisch begründete Erweiterung der Kontinentalverschiebungstheorie

Aufgrund seines Rohstoffreichtums kann der Harz auf eine lange Geschichte der geologischen Erforschung zurückblicken. Schon früh hatte man erkannt, dass sich der Harz in Zonen untergliedern lässt, die einstige Ablagerungsräume mit einer jeweils eigenen Entwicklungsgeschichte repräsentieren. Aber erst mit der allgemeinen Akzeptanz des plattentektonischen Konzepts in den 1980er Jahren gelang es, ein mechanistisch begründetes Modell der paläogeographischen Entwicklung für die Gesamtregion zu entwerfen, welches einerseits in weitgehendem Einklang mit feldgeologischen Befunden steht, und sich andererseits widerspruchslos in das überregionale geologische Geschehen einfügt.

Zur regionalgeologischen Gliederung des Harzes s. Grafik Seite 12

Die Gesteine des Harzes erzählen uns die Geschichte einer Meeresregion, die im Jungpaläozoikum einer zunehmenden Einengung unterworfen war, an derem Ende die Variszische Gebirgsbildung stand. Letztere erfasste den gesamten mittel- und südwesteuropäischen Raum, den Nordwesten Afrikas sowie den Osten des nordamerikanischen Kontinents. Die im Harz zutage tretenden Gesteine bieten somit nur den Blick durch ein sehr kleines, etwa 90 x 30 km^2 umfassendes Fenster auf den Rumpf des einst gewaltigen, sich über 8 000 km erstreckenden Gebirges, das sowohl nach Nordosten als auch nach Südwesten seine Fortsetzung hatte. In unmittelbarer Verlängerung der vorwiegend NE – SW-streichenden Gesteins- und Struktureinheiten treffen wir im Flechtinger Höhenzug im Magdeburger Raum und im Rheinischen Schiefergebirge auf ganz gleichartige Gesteine.

Die Ausgangssituation

Ausgangspunkt unserer Geschichte ist die paläogeographische Situation, wie sie sich im ausgehenden Silur vor etwa 420 Mio. Jahren darstellte. Baltica und Laurentia, die Kerne Europas und Nordamerikas, waren aufeinander zu gedriftet, nachdem ein kleiner Kontinent namens Avalonia bereits im mittleren Ordovizium mit dem Südwestrand Balticas kollidiert war. Entlang der Nahtstellen zwischen diesen Kontinenten erhob sich nun das Kaledonische Gebirge, dessen Reste wir auf europäischer Seite des Atlantiks in Norwegen, Schottland und Nordirland anstehend vorfinden.

Zur globalen paläogeographischen Entwicklung s. auch die Grafik Seite 14

Südlich dieses neu entstandenen Kontinents Laurussia trennte der Rheia-Ozean diese Landmasse von dem Großkontinent Gondwana. Letzterer umfasste alle heutigen Kontinente der südlichen Hemisphäre sowie Indien. Es sind die Ereignisse im Bereich des Rheia-Ozeans und seiner Randbereiche, die das Geschehen in der Region des Harzes bestimmten und die sich letztendlich in seinen Gesteinen widerspiegeln. Die Ränder des Gondwana-Kontinents waren das ganze Paläozoikum hindurch tektonisch insofern außerordentlich aktiv, als dass sich bereits seit dem Ordovizium zeitlich gestaffelt mehrere kleine Kontinente, darunter auch Avalonia, von seinem Nordrand abspalteten und nach Norden drifteten. Der Harz, am Südrand Avalonias gelegen, hat also ein gondwanisches Fundament! Nachdem Avalonia bereits infolge der Ka-

tektonisch: die Bewegungsvorgänge in der Erde betreffend

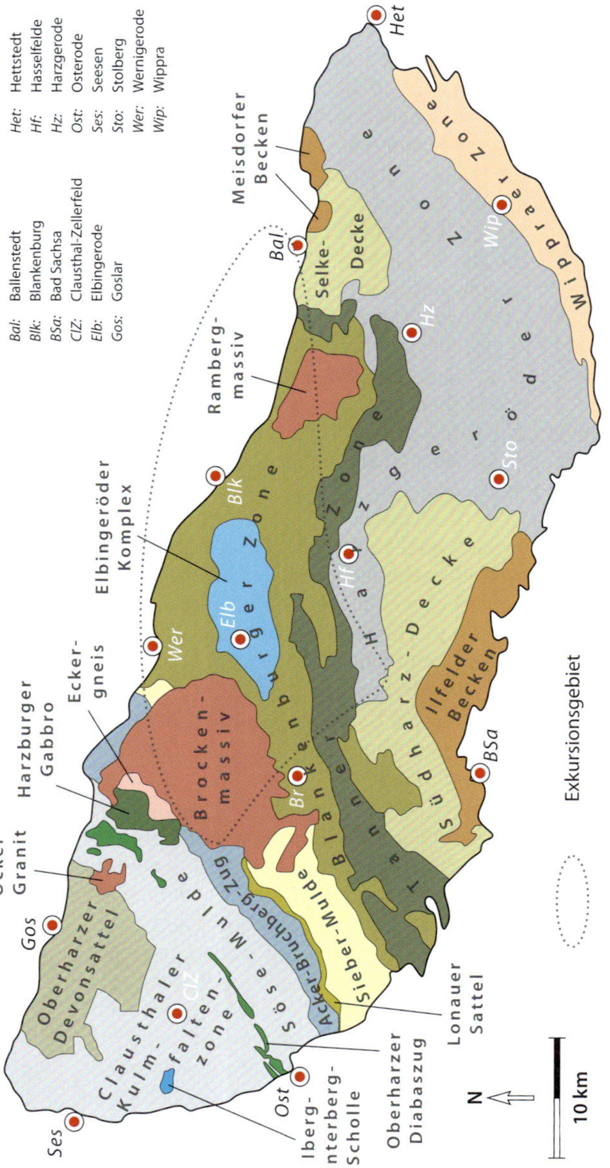

Die regionalgeologischen Einheiten des Harzes; als Mittelharz wird die Region zwischen dem Lonauer Sattel bzw. der Sieber-Mulde im Westen und der Tanner Zone im Osten bezeichnet, an die sich westlich der Oberharz und östlich der Unterharz anschließen. Verändert nach ROTHE (2006).

ledonischen Gebirgsbildung Teil des „Nordkontinents" wurde, folgten diesem weitere Mikrokontinente. Diese als Armoricanische Terranes zusammengefasste Gruppe von Kontinenten kollidierte im Zuge der Variszischen Gebirgsbildung miteinander und mit dem Südrand von Laurussia, womit der Rheia-Ozean aufhörte zu existieren. Ihre am Aufbau der mitteleuropäischen Varisziden beteiligten Terranes Saxothuringia, Bohemia und Moldanubia bilden heute durch bedeutende tektonische Suturen voneinander getrennte Struktureinheiten des Variszischen Gebirges.

Sutur: langgestreckte Naht bzw. Zone zwischen zwei Erdschollen oder tektonischen Platten

Als schließlich auch Gondwana selbst an der Grenze vom Unter- zum Oberkarbon vor etwa 327 Mio. Jahren mit der nördlich gelegenen Landmasse kollidierte, fand die Gebirgsbildung ihren Höhepunkt und der verbliebene Meeresraum zwischen Laurussia und Gondwana schloss sich endgültig. Folge dieses großtektonischen Ereignisses war, dass zu diesem Zeitpunkt alle Landmassen in einem einzigen riesigen Kontinent, der Pangäa, vereinigt waren.

Die marine Entwicklung im Devon

Zurück zum Beginn des Devons. Der Ablagerungsraum der im Harz anzutreffenden Sedimentgesteine lag zu dieser Zeit landfern südlich der etwa NE – SW-streichenden Küste Ost-Avalonias als Teil von Laurussia. An seiner äquatornahen Lage änderte sich bis in das Mesozoikum hinein nur wenig. Unter den tropisch-subtropischen Klimabedingungen war die Verwitterung und Bodenbildung auf dem Land mit einer vermehrten Bildung von Eisenoxiden verbunden. Der dadurch bedingten Rotfärbung vieler Abtragungsprodukte verdankt der Nordkontinent auch seinen Namen „Old Red-Kontinent".

Aus nördlichen Richtungen wurden dem der Küste vorgelagerten Meeresbereich über ausgedehnte Deltasysteme große Mengen an Erosionsprodukten aus dem Abtrag des Kaledonischen Gebirges zugeführt. Als relativ küstennahe Bildungen finden wir gröberklastische Sedimente vor allem im Rheinischen Schiefergebirge wieder. Unser Exkursionsgebiet lag etwas landferner, sodass hier überwiegend, wie schon im Silur zuvor, feinklastische, d. h. tonige Sedimente zur Ablagerung kamen. Sedimentologische und faunistische Unterschiede erlauben die Differenzierung zwischen einer küstennah gelegenen Rheinischen Zone mit überwiegend grobklastischen Schelfsedimenten und einer Herzynischen Zone mit der Dominanz feinklastischer und z. T. kalkhaltiger pelagischer Sedimente. Beide Ablagerungs-

klastisch: aus mineralischen Partikeln wie Sand, Schluff oder Ton bestehend

pelagisch: den landfernen Tiefwasserbereich betreffend

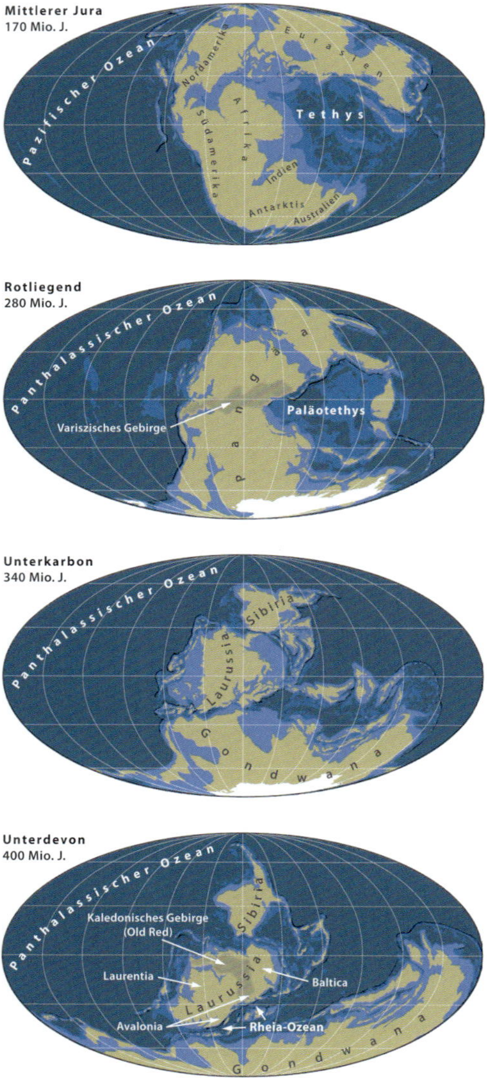

Globale paläogeographische Entwicklung zwischen Unterdevon und Mittlerem Jura in vier Zeitschritten. Konturen nach paläogeographischen Rekonstruktionen von Ron Blakey, Colorado Plateau Geosystems (http://cpgeosystems.com/).

räume zusammen werden später die Rhenoherzynische Zone des Variszischen Gebirges bilden.

Die Armoricanischen Terranes lagen zu Beginn des Devons noch mehrere hundert Kilometer weiter südlich. Der Rheia-Ozean wurde durch eine langgezogene submarine Schwellenregion gegliedert, die die Rhenoherzynische Zone von dem damals südlich anschließenden Ablagerungsraum trennte. Heute ist diese einstige Schwellenregion mit ihren metamorphen Gesteinen als Mitteleuropäische Kristallinzone durch das gesamte europäische Variszikum zu verfolgen und trennt das Rhenoherzynikum vom südöstlich anschließenden Saxothuringikum. Gesteine dieser hier als Mitteldeutsche Kristallinschwelle bezeichneten Zone treffen wir im unmittelbaren Umfeld des Harzes allerdings nur im Kyffhäuser an.

Einsetzende Dehnungsvorgänge im Schelf- und Schelfhangbereich vor der Küste Avalonias führten im Devon zu vertikalen Krustenverstellungen. Der zuvor wenig strukturierte Ablagerungsraum wurde zunehmend in Schwellen- und Beckenbereiche gegliedert. Mit der Krustendehnung setzte ein bis in das jüngere Unterkarbon anhaltender submariner, überwiegend basaltischer Vulkanismus ein. Im Mitteldevon war dieser ausgesprochen intensiv, insbesondere in der Region des späteren Elbingeröder Komplexes. Dort bildeten sich Vulkanbauten, die bis nahe an oder auch über die Wasseroberfläche aufragten. An diesen Vulkanismus ist die Bildung der eingangs angesprochenen Eisenerzvorkommen des nördlichen Mittelharzes gebunden.

Metamorphose: Veränderung von Struktur und Mineralbestand durch Druck und Temperatureinfluss

Als die vulkanische Aktivität im Übergang vom unteren zum oberen Mitteldevon nachließ, boten die Flanken der Vulkanbauten ideale Bedingungen für ein Riffwachstum. Wenngleich Riffkalke im Harz außerhalb des Elbingeröder Komplexes lediglich am Iberg und Winterberg bei Bad Grund nahe dem westlichen Harzrand angetroffen werden, ist Riffbildung im Rhenoherzynikum insgesamt recht verbreitet. Das Riffwachstum setzte sich bis in das untere Oberdevon fort. Ein globales Massenaussterbeereignis, die sogenannte Kellwasser-Krise, beendete das Riffwachstum vor etwa 375 Mio. Jahren nicht nur in unserem Ablagerungsraum.

Die besondere Entwicklung der Region um Elbingerode wird in einem eigenen Kapitel ab Seite 161 näher vorgestellt

Zur Kellwasser-Krise s. Kasten Seite 170

Großskalige Umlagerungen am Meeresboden

Die noch weit im Südosten gelegene Mitteldeutsche Kristallinschwelle erhob sich spätestens im höheren Devon über den Meeresspiegel, sodass nun auch deren Abtragungsprodukte aus südlichen Richtungen in den sich zunehmend einengenden Meeresraum gelangten. Das Unterkarbon, beginnend vor etwa 358 Mio. Jahren, war die Zeit, in der die Variszische Gebirgsbildung auf ihren Höhepunkt zusteuerte. Infolge der zunehmenden Reliefenergie kam es nun zu großskaligen Umlagerungen am Meeresboden, aus denen Grauwacken hervorgingen, die im Harz, insbesondere im Oberharz, weit verbreitet sind. Zur Zeit der fortgeschrittenen Einengung des Rheia-Ozeans wurden selbst ausgedehnte, bereits verfestigte Gesteinspakete über viele Kilometer dem Gefälle folgend transportiert, die dann als Gleitdecken oder Olisthostrome über älteren Gesteinsfolgen zu liegen kamen. Oft zerfielen die Rutschkörper zu einer Mélange aus einer eher feinkörnigen Matrix, in die in chaotischer Weise Gesteinsbruchstücke unterschiedlichster Art und Größe, sogenannte Olistholithe, eingelagert sind.

Zur Bildung der Grauwacken s. Kasten Seite 62

Olisthostromale Bildungen treten in unserem Exkursionsgebiet in der Blankenburger Zone und in der Umrahmung des Elbingeröder Komplexes verbreitet auf. Das submarine Hochgebiet des einstigen Elbingeröder Riffs selbst blieb als starrer

Zur regionalgeologischen Gliederung des Harzes s. Grafik Seite 12

Kalkklotz lange Zeit weitgehend unberührt von den turbulenten Ereignissen in seinem Umfeld, doch mit der Einebnung des Reliefs in seiner unmittelbaren Umgebung wurde es schließlich auch von den Umlagerungsmassen überwältigt.

Die Variszische Gebirgsbildung

Die Gebirgsbildungsfront verlagerte sich im Fortgang der Entwicklung von Südosten nach Nordwesten. Während Regionen im Südosten sich bereits aus dem Meer erhoben, wurden in den nordwestlich vorgelagerten Meeresbecken weiterhin Sedimente abgelagert, großenteils bestehend aus den Erosionsprodukten der bereits herausgehobenen Gebiete. Die unterkarbonischen Gesteinsfolgen des unmittelbaren Vorfelds der variszischen Gebirgsbildungsfront werden unter der Bezeichnung „Kulm“ zusammengefasst, um sie von gleichaltrigen Sedimenten anderer Genese zu unterscheiden. Weiter im Nordwesten bildete der avalonische Schelf zu dieser Zeit eine ausgedehnte Plattform, auf der karbonatische, mergelige und tonige Sedimente zur Ablagerung kamen.

Mergel: kalkhaltiges toniges Sediment

Die anhaltende tektonische Einengung führte schließlich zur Faltung und Schieferung der Sedimentfolgen, wobei sie entlang von Störungen schuppenartig gegeneinander versetzt, teilweise deckenartig übereinandergeschoben und schlussendlich ab der Wende zum Oberkarbon vor etwa 327 Mio. Jahren über den Meeresspiegel gehoben wurden. Nachdem im unteren Oberkarbon auch die letzten Gebiete des Oberharzes in die Hebung einbezogen wurden, bestand nur noch nordwestlich des Gebirgszugs ein langgestreckter, schmaler, brackisch-mariner Sedimentationsraum, der große Mengen des nun anfallenden Erosionsschutts, aber auch sehr viel unvollständig zersetztes organisches Material aufnahm. Noch im Oberkarbon wurde aber auch dieser Ablagerungsraum in die Gebirgsbildung einbezogen, womit das marine Sedimentationsgeschehen im Zusammenhang mit der Variszischen Gebirgsbildung endgültig endete.

Mit dem Abschluss der Variszischen Gebirgsbildung war die Naht zwischen Gondwana und Laurussia aber nicht durchgehend geschlossen. Richtung Osten öffnete sich keilförmig ein „Paläotethys“ genannter Ozean, aus dem sich im Mesozoikum die Tethys entwickelte. Die Ereignisse in dieser Region, die im Tertiär letztendlich zur Bildung des Alpen-Himalaya-Gebirgszugs geführt haben, beeinflussten auch die Geschehnisse in unserem Exkursionsgebiet, wenn auch nur mittelbar und längst nicht so spektakulär.

Paläotethys *s. Grafik Seite 14*

Zeitalter			Alter [Mio. J.]	Markante Ereignisse	Charakteristische Gesteine
Paläozoikum	Perm	Zechstein	251	wiederholte Abschnürung des Germanischen Beckens vom offenen Ozean, Bildung mächtiger Evaporitfolgen Transgression, die Harzregion wird überflutet	Kalkstein, Dolomit, Anhydrit, Gips, Stein- und Kalisalz Kupferschiefer
		Rotliegend	258	Variszisches Gebirge ist weitgehend wieder eingeebnet ein Riftsystem zwischen Norwegen und Grönland leitet die Öffnung des Atlantiks ein die Region der Nordsee wird Senkungsgebiet (Germanisches Becken) Abtragung des Variszischen Gebirges, intramontane Becken (Meisdorfer und Ilfelder Becken) nehmen einen Großteil des Erosionsschutts auf terrestrischer Vulkanismus Intrusion der Plutone des Brockens und Rambergs, Kontaktmetamorphose in den Hüllgesteinen	terrestrische Rotsedimente (Sand-, Silt- und Tonsteine, Konglomerate) Mittelharzer Eruptivgesteinsgänge, Rhyolithe Granite Diorite Gabbros, Harzburgit, Norite
	Karbon	Oberkarbon (Siles)	300	infolge der sukzessiven Kollision der Armoricanischen Terranes und Gondwanas mit Laurussia ist die Pangäa entstanden das Variszische Gebirge hebt sich von SE nach NW fortschreitend heraus	Bodetal-Kersantitgang, Bodegang
		Unterkarbon (Dinant)	326,5	Faltung und Schieferung, tektonische Verstellungen teilw. mit Deckenüberschiebungen der Rheia-Ozean schließt sich großskalige Sedimentumlagerungen am Meeresboden (Turbidite, Olisthostrome, Gleitdecken) jüngste Diabas-Intrusionen (Deckdiabas)	olisthostromale Bildungen: Olistholithe verschiedenster Art und Größe in ruschelig-flaseriger Tonschiefermatrix Grauwacken Grauwacken-Tonschiefer-Wechselfolgen Tonschiefer Kieselschiefer in Bereichen ohne terrigenen Einfluss
	Devon	Oberdevon	358	zunehmende Reliefenergie am Meeresboden mit zunehmender Einengung des Rheia-Ozeans Mitteldeutsche Kristallinschwelle fungiert als Sedimentliefergebiet eine globale Faunenkrise (Kellwasser-Ereignis) beendet das Riffwachstum Riffentwicklung, Bildung der Fe-Erze	im Elb. Komplex: Buntschiefer; pelagische Kalke; Riffkalke in Blankenburger Zone: Wechselfolgen kieseliger Kalke u. Tone (Flinz), Kieselschiefer
		Mitteldevon	381	intensiver Vulkanismus im Elbingeröder Komplex	Vulkanite der Schalsteinfolge
		Unterdevon	392	Dehnungsvorgänge und submariner basaltischer Vulkanismus im Schelf- und Schelfhangbereich vor der Küste Ost-Avalonias, Strukturierung des Meeresbodens in Becken und Schwellen Kaledonisches Gebirge (Old Red) unterliegt der Abtragung, Erosionsprodukte bilden Sedimente im Rhenoherzynikum (Rheia-Ozean)	in Becken: Wissenbacher Schiefer mit Diabasen auf Schwellen: Kalke küstennah, Schelf: gröberklastische Sedimente (Sandsteine bzw. Quarzite) landfern, Pelagikum: feinklastische Sedimente (Tonsteine bzw. Tonschiefer, z. T. kalkig u. sandig)
	Silur		417,5	Seit der Kollision von Baltica mit Laurentia und Ost-Avalonia im höheren Ordovizium (Kaledonische Gebirgsbildung) stehen sich Laurussia (Nord- bzw. Old Red-Kontinent) und Gondwana (Südkontinent) gegenüber	

Zeittafel markanter geologischer Ereignisse und der Bildung charakteristischer Gesteine der Harzregion für den Zeitraum zwischen Silur und Perm.

Mit dem Ende der kompressiven Phase hatte sich das Spannungsfeld grundlegend geändert. Es wird nunmehr von W – E-ge-

Der spätvariszische Magmatismus

richteten Dehnungsvorgängen beherrscht. In der Zeit des Übergangs vom Oberkarbon zum Rotliegenden vor etwa 295 Mio. Jahren kam es infolgedessen in tieferen Bereichen des Gebirges zur Bildung von Magmenkörpern, die nachfolgend in höhere Gesteinsstockwerke intrudierten und dort über einen langen Zeitraum erkalteten. Heute finden wir diese überwiegend granitischen Gesteine im Bereich des Brocken- und Rambergmassivs an der Oberfläche großflächig anstehend vor.

terrestrisch: auf dem Land auftretend bzw. gebildet

sauer, intermediär, basisch: Charakterisierung von Gesteinen und Magmen in der Reihenfolge abnehmender Kieselsäure- (SiO_2-) gehalte

Das Rotliegende war auch eine Zeit, in der ein terrestrischer Vulkanismus saure, intermediäre und basische Magmen förderte. Flächenhaft größere Vorkommen von Eruptivgesteinen finden sich am Großen Auerberg nordöstlich von Stolberg und nordwestlich von Bad Sachsa. Auch die Mittelharzer Eruptivgesteinsgänge zwischen Wernigerode und Stolberg bildeten sich in dieser Zeit. Die vulkanischen Aktivitäten endeten aber noch im Rotliegenden.

Zur Bildung der Mittelharzer Eruptivgesteinsgänge s. Kasten Seite 57

Das Variszische Gebirge war gegen Ende des Rotliegenden bereits weitgehend wieder eingeebnet worden. Zunächst hatten Senkungsbereiche innerhalb des Gebirges einen Großteil des anfallenden Abtragungsschutts aufgenommen. Im Bereich des Harzes bildeten das Meisdorfer und Ilfelder Becken solche intramontanen Becken.

Das Germanische Becken entsteht

Das Gebiet der heutigen Nordsee und südlich und östlich angrenzende Regionen waren seit Beginn des Perms Senkungsgebiet. In diesem sogenannten Germanischen Becken kamen zunächst unter wüstenartigen Bedingungen kontinentale Sedimente zur Ablagerung. Gleichzeitig entwickelte sich zwischen Norwegen und Grönland ein Riftsystem als Vorbote der Öffnung des Atlantiks. Über diese Grabenzone drang nun nach einem globalen Meeresspiegelanstieg im Zechstein das Meer aus der arktischen Region Richtung Süden über das Nordseegebiet und den Harz hinaus bis in die Hessische Senke vor. Im weiteren Umfeld des Harzes ist lediglich die Region der einstigen Rheinischen Insel im Rheinischen Schiefergebirge seither nie mehr unter Wasserbedeckung geraten. Allerdings bestand diese Verbindung des Germanischen Beckens zum offenen Ozean zeitlich nicht durchgehend. Das Wechselspiel zwischen Transgression und Regression bestimmte fortan ganz wesentlich das sedimentäre Geschehen im nordwest- und mitteleuropäischen Raum.

Rift: großskaliges Grabensystem an divergierenden Plattengrenzen

Transgression, Regression: Übergreifen bzw. Zurückweichen des Meeres über bzw. von Landgebieten

Im Zechstein kam es infolge wiederholten Abschneidens des Germanischen Beckens vom offenen Ozean und aufgrund der klimatischen Verhältnisse in lagunenartigen Bereichen mehr-

Die Bildung der zechsteinzeitlichen Salinargesteine

Die den Harzrand allseitig begleitenden zechsteinzeitlichen Salinargesteine wurden, ebenso wie diejenigen im Untergrund Norddeutschlands, im Germanischen Becken in Phasen hypersalinarer Verhältnisse gebildet. Die Ausscheidung dieser Evaporite erfolgte in einer charakteristischen Reihenfolge, die allen Eindampfungszyklen gemein ist. Auf basalen tonigen Ablagerungen folgen zunächst vergleichsweise geringlösliche Karbonate. Denen folgen entsprechend ihrer zunehmenden Löslichkeit im Hangenden Anhydrit, Stein- und Kalisalz. Zur Kalisalzausscheidung kam es lediglich während der ersten vier der insgesamt sieben Eindampfungszyklen.

Der basale Ton des ersten Eindampfungszyklus, der Kupferschiefer, hat in der Region um Mansfeld am südöstlichen Harzrand eine große wirtschaftliche Bedeutung erlangt. Obwohl seine Mächtigkeit nur selten wenige Dezimeter überschreitet, waren die hohen Kupfergehalte, aber auch die an Silber, Blei und Zink, bis in die jüngste Vergangenheit bauwürdig.

Die primäre Gesamtmächtigkeit der zechsteinzeitlichen Gesteine betrug vielfach weit über 1 km. Je nach einstiger Position innerhalb des durch Lagunen, Kalksandbarren und Bryozoenriffe strukturierten Beckens variiert die Mächtigkeit einzelner Schichtglieder in weiten Grenzen, auch sind die einzelnen Eindampfungszyklen nicht überall vollständig entwickelt. Später führten Lösungsvorgänge im Einflussbereich des Grundwassers dazu, dass die besonders leicht löslichen Chloride, also die Stein- und Kalisalze, ausgelaugt wurden, sodass diese im oberflächennahen Bereich nicht angetroffen werden.

Salzgesteine neigen unter der Auflast der hangenden Gesteine in starkem Maße zu plastischen Verformungen. Das führt dazu, dass sie an der einen Stelle seitlich abwandern und dadurch mehr oder weniger breite Senken an der Oberfläche verursachen, und an anderer Stelle infolge ihrer vergleichsweise geringen Dichte an Schwächezonen im Gestein als Salzstock diapir- oder wallartig nach oben dringen und dabei die überlagernden Gesteinsschichten sattelförmig aufwölben.

fach zu Übersalzung und nachfolgend zur Ausscheidung sehr mächtiger Evaporitfolgen. Am Ende des Zechsteins zog sich das Meer aus dem mittel- und nordwesteuropäischen Raum zurück. Wie bereits im Rotliegenden, kamen nun auch im Buntsandstein wieder überwiegend rotgefärbte terrestrische Sedimente zur Ablagerung. Sie entstammen den im Süden und Südosten gelegenen Hochgebieten, die diesen Sedimentationsraum von der Tethys trennten.

liegend, hangend: unter bzw. über einer Bezugsschicht liegend

Bryozoen: Moostierchen; koloniebildende Tiere mit meist kalkigem Außenskelett

Die mesozoische Entwicklung

Die mesozoische Geschichte, beginnend vor etwa 250 Mio. Jahren, wurde geprägt durch das Wechselspiel zwischen Meeresspiegelschwankungen, vertikalen Krustenbewegungen, tektonischer Dehnung und Kompression sowie salztektonischen Vorgängen. Einher gingen diese Prozesse mit häufigen Veränderungen der Verteilung von Land, Meer, Becken- und Schwel-

Zur Salztektonik s. obigen Kasten

Die paläogeographische Situation zur Zeit des Zechsteins in Mittel- und Nordeuropa; der farbige Rahmen kennzeichnet die Lage der Harzregion. Verändert nach WALTER (2003).

lenregionen sowie der Herkunft des Sedimentmaterials. Auch der Harz selbst war nach den ersten Hebungstendenzen im Keuper und im Jura eine steuernde Größe in diesem Geschehen, zunächst als submarine Schwellenregion, seit der mittleren Oberkreide auch als Abtragungsgebiet.

litoral: küstennah gebildet

limnisch: in (Süßwasser-) Seen gebildet

fluviatil: in Fließgewässern gebildet

Salinargestein: Evaporit; durch Eindampfung ausgefälltes Salzgestein

Aus der Trias sind uns marine, litorale, limnisch-fluviatile, terrestrische und salinare Sedimente überliefert. Am Übergang zum Jura vor etwa 200 Mio. Jahren führte ein Meeresspiegelanstieg zu einer deutlichen Transgression, sodass nun eine durchgehende Meeresverbindung zwischen dem noch als schmale Tiefschelfregion anzunehmenden Nordatlantik und der Tethys bestand. Im Mittel- und verstärkt im Oberjura machten sich salztektonische Vorgänge im Untergrund reliefbildend bemerkbar. Entlang eines sich von der südlichen Nordsee bis nach Polen erstreckenden Gürtels senkten sich mehrere kleine, NW – SE-gestreckte Becken ein.

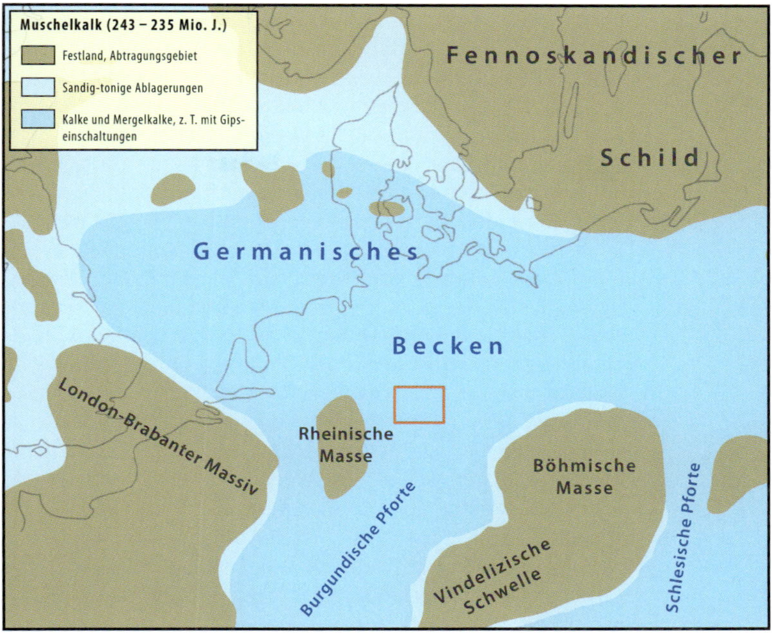

Die paläogeographische Situation zur Zeit des Muschelkalks in Mittel- und Nordeuropa; der farbige Rahmen kennzeichnet die Lage der Harzregion. Verändert nach WALTER (2003).

Die Subherzyne Senke

Eines dieser Becken war die 40 – 60 km breite Subherzyne Senke, die im Südwesten durch den Harznordrand, im Nordosten durch die NW – SE-orientierte Flechtingen-Roßlauer Scholle begrenzt wird. Letztere ist eine knapp 100 km lange Hebungsstruktur, in der wie im Mittel- und Oberharz variszisch deformierte Gesteine des Rhenoherzynikums zutage treten. Im südöstlichen Bereich dieser Senkungszone wurden die Sedimente abgelagert, die wir im Harzvorland unseres Exkursionsgebiets antreffen werden.

Nach einer Regression an der Wende vom Jura zur Kreide vor etwa 142 Mio. Jahren beschränkte sich die Sedimentation im niederländisch-norddeutschen Raum auf solche Beckenbereiche, die den Abtragungsschutt der umliegenden Landgebiete aufnahmen. Die Region des Harzes war zu dieser Zeit ebenfalls noch marines Sedimentationsgebiet. Infolge eines erneuten Meeresspiegelanstiegs seit der höheren Unterkreide verkleinerten sich die Landgebiete dann wieder. In der Oberkreide erreichte die Meeresausdehnung ihren Höchststand, sodass nun eine breite Verbindung zwischen dem jungen Nordatlantik und der Tethys bestand. West- und Mitteleuropa sowie große Teile Osteuropas waren nun vollständig vom Meer bedeckt.

Pangäa *s. Grafik Seite 14*

Dieser weltweite Meeresspiegelanstieg muss im Zusammenhang mit den starken globaltektonischen Aktivitäten dieser Zeit gesehen werden. Der einstige Superkontinent Pangäa war mittlerweile in starker Auflösung in die heutigen Kontinente begriffen. Der Nordatlantik verbreiterte sich zunehmend. Gleichzeitig engte sich die zwischen Nordafrika und Eurasien liegende Tethys mehr und mehr ein, wobei es seit der mittleren Kreide zu den ersten Kollisionen am Südrand der Europäischen Platte und damit den ersten gebirgsbildenden Prozessen im Alpenraum kam.

Die Heraushebung des Harzes

Die Einengung und letztendliche Schließung der mediterranen Tethys führten spätestens seit der mittleren Oberkreide und bis in das Alttertiär anhaltend zu nordwärts gerichteten Schubspannungen. Trotz mancherlei Zweifel an einer derartigen Fernwirkung wird dennoch verbreitet angenommen, dass sich diese durch die Alpidische Gebirgsbildung induzierten Spannungen bis weit nach Mitteleuropa hinein auswirkten und dadurch zumindest mitverantwortlich waren für die Überschiebung des Harzblock über sein nördliches Vorland. Die mesozoische Sedimentationsgeschichte der einstigen submarinen Schwellenregion des Harzes endete vor etwa 85 Mio. Jahren, als diese sich, allseitig begrenzt von Störungen, über den Meeresspiegel erhob.

Das Deckgebirge des Harzes mit seinen 2 – 3 km mächtigen mesozoischen Sedimenten und den liegenden Zechsteinfolgen wurde noch in der Oberkreide vollständig wieder abgetragen, sodass das variszische Grundgebirge an der Oberfläche zutage trat. Wie sich anhand der schnellen Abtragungsrate unschwer feststellen lässt, erfolgte die Heraushebung mit einer enormen Geschwindigkeit und setzte sich in abgeschwächter Form auch im Tertiär fort. Allerdings hielten sich Hebung und Abtragung weitgehend die Waage, sodass der Harz bis weit ins Alttertiär hinein sein Umland nur wenig überragte. Der Erosionsschutt wurde in die nach wie vor meerbedeckte unmittelbare Umgebung transportiert.

Die Hebung verlief insofern ausgesprochen asymmetrisch, als dass die relativen Versatzbeträge im Norden und Nordwes-

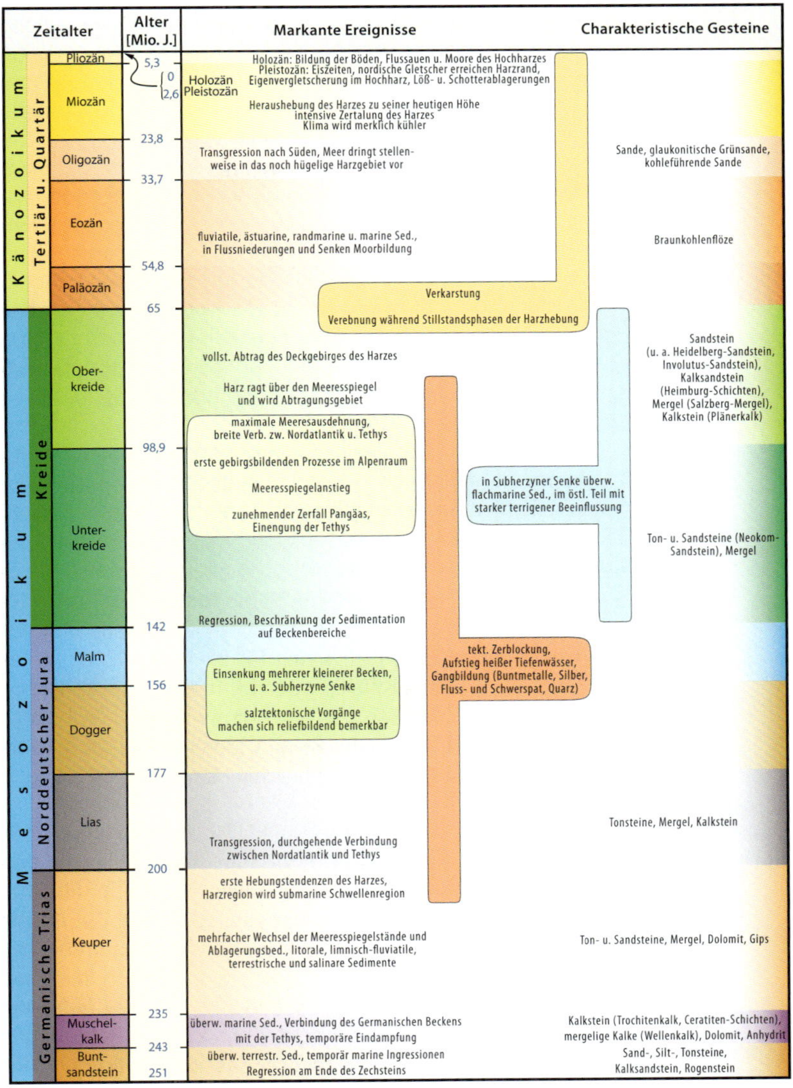

Zeittafel markanter geologischer Ereignisse und der Bildung charakteristischer Gesteine der Harzregion für den Zeitraum zwischen der Trias und der Gegenwart.

ten, für die Werte zwischen 3 und 7 km angenommen werden, sehr viel größer waren als im Süden und Osten. Daher präsen-

Zum geologischen Bau der Schichtrippenlandschaft s. die Grafiken Seite 132 u. 133

tiert sich der Harz heute als eine nach Südosten geneigte Pultscholle, wie diese Struktur häufig genannt wird. Im Verlaufe der Hebungsphase hat sie sich als Ganzes entlang der Harznordrand-Störung um mindestens 2 – 3 km in nordnordöstliche Richtung über ihr Vorland geschoben. Dessen permisch-mesozoische Schichten wurden dabei derart deformiert, dass sie in einer dem Harznordrand unmittelbar vorgelagerten, bis zu 2,5 km breiten Zone steil aufgerichtet und z. T. sogar überkippt wurden.

Die Harznordrand-Störung

Die Harznordrand-Störung ist eine nach allen Maßstäben große Störungsstruktur, die sich möglicherweise im Nordwesten und Südosten über den Harz hinaus fortsetzt und mit anderen großen Störungen in Verbindung steht. Sie besteht aus einem komplexen, im Querschnitt fächerartig verästelten System tief reichender Störungen. Gravimetrische Messungen deuten darauf hin, dass sie bis in eine Tiefe von 30 km reicht. Im oberen Kilometer fällt sie steil in südliche Richtung ein, in größerer Tiefe verflacht sie allmählich. Hin und wieder gibt es Bereiche, in denen die paläozoischen Gesteine des Harzes spornartig weit nach Norden in das Harzvorland hineinragen, so etwa der Benzingeröder Vorsprung zwischen Wernigerode und Blankenburg, am Schimmerwald zwischen Bad Harzburg und Ilsenburg, der Sporn von Rieder sowie der Sporn bei Ermsleben. Diese „Harzer Zacken" werden von quer oder diagonal zur Harznordrand-Störung verlaufenden Störungen begrenzt, an denen es bei der Heraushebung des Harzes zu Seitenverschiebungen gekommen ist.

Gangerzbildung, Verebnung und Verkarstung im Harz

Die Heraushebung des Harzes war mit einer intensiven Zerblockung in kleine und kleinste Schollenfragmente verbunden. Die überwiegend WNW- bis NNW-streichenden Störungen bildeten die Aufstiegswege für heiße Tiefenwässer, die das von ihnen durchströmte Gestein ausgelaugt und sich auf diese Weise stark mit Mineralstoffen angereichert haben. Deren Ausfällung auf Klüften, Spalten und Störungsflächen in höheren Gebirgsstockwerken führte zur Bildung der Erz- und Mineralgänge, denen der Harz seinen einstigen Reichtum an Buntmetallen, Silber und Industriemineralen wie Fluss- und Schwerspat verdankt.

Zur Genese der Erz- und Mineralgänge s. auch den Kasten Seite 88

Die Hebung war des Öfteren von Stillstandsphasen unterbrochen, während derer es erosionsbedingt jeweils zu großflächigen Verebnungen gekommen ist, die sich auch heute noch im Relief des Harzes durchprägen. Als die vergleichswei-

Die Hochflächen des Harzes

Die Heraushebung des Harzblocks über den Meeresspiegel und seine Umgebung hinaus vollzog sich über einen langen Zeitraum ab der Oberkreide vor etwa 85 Mio. Jahren bis weit in das Teriär hinein. Diese Hebung erfolgte zeitlich aber nicht kontinuierlich und erfasste zuweilen auch nur Teilbereiche des Harzblocks. Sie war immer wieder unterbrochen von Stillstandsphasen, in denen flächenhaft wirkende Erosionsprozesse das Relief großflächig einebneten. So ist der gesamte Harz südlich seines stark zertalten Nordrands heute vielfach durch Verebnungsflächen unterschiedlicher Höhenlage gekennzeichnet. In diese Hochflächen haben die Harzflüsse die z. T. steilen Täler eingeschnitten, die dieser Region eigentlich erst ihren Gebirgscharakter verleihen.
Da die Heraushebung des Harzes stark asymmetrisch verlief, lassen sich anhand geomorphologischer Kriterien mehrere treppenartig aneinandergrenzende Bereiche mit nach Osten und zu den Harzrändern hin abnehmender Höhenlage abgrenzen. Ein Großteil des Oberharzes und Teile des Mittelharzes werden von der Hauptrumpffläche eingenommen (550 – 600 m ü. NN). Richtung Osten schließen sich die Bode- (460 – 520 m ü. NN), Selke- (360 – 420 m ü. NN) und Eine-Hochfläche (270 – 310 m ü. NN) an. Im Bereich des Brockenmassivs lassen sich bis in die Gipfelregion noch weitere, die Hauptrumpffläche überragende Verebnungsflächen aushalten. Eine zeitliche Einordnung und damit eine Korrelation der Verebnungen mit konkreten Hebungsphasen ist aber bisher nicht gelungen.

se leichtlöslichen massigen Riffkalke des Elbingeröder Komplexes und des Ibergs sowie die großflächig den Südharzrand begleitenden Anhydrite und Karbonate des Zechsteins über den Grundwasserspiegel zu liegen kamen, setzte eine intensive Verkarstung ein, die sich bis heute fortsetzt, wenn auch aufgrund der heutigen Klimabedingungen weit weniger intensiv.

Zur Verkarstung s. Kasten Seite 44

In der Subherzynen Senke setzte sich die überwiegend flachmarine Sedimentation bis in die höhere Oberkreide fort, wobei der östliche Teil, also auch unser Exkursionsgebiet, einer starken terrigenen Beeinflussung unterlag. Die dem Harz zugewandte Küstenlinie verlagerte sich mehrfach, aber immer mal wieder reichte das Meer, zumindest lokal, bis an den Harznordrand heran.

terrigen: von Landgebieten stammend

Die Harzregion während des Tertiärs

Das alttertiäre Harzvorland zwischen Harznordrand und der vorgelagerten Küste können wir uns als ein von Flüssen durchzogenes Tiefland vorstellen, in dem bei häufig wechselnden Meeresspiegelständen fluviatile, ästuarine, randmarine und marine Sedimente zur Ablagerung gelangten. Die klimatischen Bedingungen waren immer noch tropisch bis subtropisch. In Flussniederungen, halokinetisch bedingten Senkungsgebieten

Halokinese: Salzbewegung im Untergrund; *s. Kasten Seite 19*

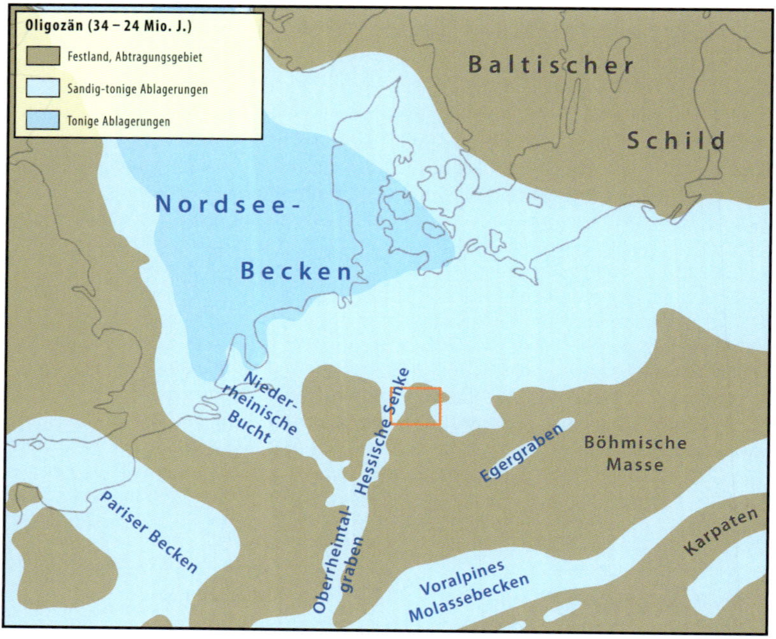

Die paläogeographische Situation zur Zeit des Oligozäns in Mittel- und Nordeuropa; der farbige Rahmen kennzeichnet die Lage der Harzregion. Verändert nach WALTER (2003).

Subrosion: unterirdische Auslaugung löslicher Gesteine

und eher kleinräumigen Subrosionssenken bildeten sich Moore, aus denen sich z. T. mächtige Braunkohlenflöze entwickelten.

Im höheren Alttertiär dehnte sich die Nordsee nochmals weit nach Süden aus. Jüngere Erkenntnisse lassen es sehr wahrscheinlich erscheinen, dass das Meer dabei auch stellenweise mehr oder weniger tief in das damals hügelige Harzgebiet eindrang (KÖNIG 2008). Im weiteren Verlauf des Tertiärs zog sich das Meer zunehmend und endgültig nach Norden zurück. Der Harz hob sich nun bis ins Pleistozän hinein zu seiner heutigen Höhe aus dem Umland heraus und erhielt dadurch seine markante Kontur, deren NW–SE-gerichtete Längsachse senkrecht zum Streichen seiner tektonischen Struktureinheiten verläuft.

Mit der Hebung einher ging eine intensive Zertalung, die dem Harz seinen heutigen Gebirgscharakter verleiht. Gegen Ende des Tertiärs vor etwa 2,6 Mio. Jahren lag die Küstenlinie im Bereich der südlichen Nordsee, während das vorgelagerte Tiefland über ein ausgedehntes Flusssystem in westliche Richtungen entwässert wurde. Die zuvor im Harzvorland abgelagerten tertiären Sedimente wurden größtenteils wieder abgetragen.

Die Eiszeit und die Nacheiszeit

Im Jungtertiär war das Klima merklich kühler geworden und steuerte unweigerlich auf die pleistozänen eiszeitlichen Verhältnisse zu. Die nordischen Gletscher drangen zeitweilig weit nach Süden vor und erreichten auch den Harz. Im Hochharz bezeugen Moränenablagerungen und andere glazigene Bildungen eine eigene Vergletscherung während der Saale- und Weichsel-Kaltzeit.

glazigen: durch Vergletscherung entstanden

Die nicht vergletscherten Periglazialgebiete muss man sich als baumlose Tundrenlandschaft vorstellen. Während der Glazialzeiten lag die Waldgrenze wenigstens 900 m niedriger als heute. Die karge Vegetation bot den Böden nur sehr wenig Schutz vor einer Erosion durch Wind und Wasser. Durch Winde wurden große Mengen feinen Bodenmaterials ausgeblasen und andernorts als mehrere Dezimeter mächtige Lößdecken wieder abgelagert. Sie haben im Harzvorland ein großes Verbreitungsgebiet.

periglazial: das Umfeld von Gletschern betreffend

Zur Harzregion während der Eiszeiten s. auch Kasten Seite 95

Nacheiszeitlich setzte vor etwa 12 000 Jahren unter den nun wieder moderater werdenden Klimabedingungen bei einer zunehmend geschlossenen Pflanzendecke die Bildung der heutigen Böden ein. Auf den Lößablagerungen des Harzvorlands haben sich fruchtbare, schwarzerdeähnliche Böden entwickelt, und in den Flussniederungen bildeten sich in den periodisch überschwemmten Bereichen Auenböden. Die Böden des Harzes sind dagegen großenteils nährstoffarm, oft flachgründig und steinig und daher wenig fruchtbar. Auch die heutigen Moore des Hochharzes sind nacheiszeitlich entstanden. Im Harzvorland führte die Verlandung von Seen in eiszeitlich gebildeten Hohlformen ebenfalls zur Moorbildung.

Zur Moorentwicklung s. Kasten Seite 120

Wanderungen zu den erdgeschichtlichen und montanhistorischen Zeugnissen

Der Harz und sein Umland verfügen über ein gutes, wenn auch unterschiedlich dichtes Wegenetz, in dem man sich dank der zahlreichen Wegweiser und mithilfe einer guten Wanderkarte sehr gut zurechtfindet. Geradezu kennzeichnend für die Harzregion sind die zahlreichen Themenwege, deren Einrichtung und Unterhaltung vielfach auf das dankenswerte Engagement örtlicher und regional tätiger Vereine und anderer Stellen zurückgeht. Einige, wie z. B. der von Osterode nach Thale führende Harzer Hexen-Stieg, sind eher touristische Marken und verbinden landschaftlich besonders reizvolle Gegenden, andere greifen bestimmte Themen auf. Neben naturkundlichen, geologischen oder bergbaugeschichtlichen Wanderwegen existieren viele weitere, die die Besonderheiten dieser Region miteinander verbinden.

Vielfach informieren sogenannte Dennert-Tannen zumeist über Themen des historischen Bergbaus oder Hüttenwesens. Diese gelben, tannenförmigen Schilder sind nach dem 1994 verstorbenen Initiator, Oberbergrat Herbert Dennert, benannt, der sich jahrzehntelang für den Erhalt von bergbaugeschichtlichen Zeugnissen im Harz engagiert hat. Und natürlich laden Museen, Schaubergwerke, Höhlen und Nationalparkhäuser zu einem Besuch ein.

Infos und Kontakt zu Anlaufstellen s. Kap. „Nützliches und Informatives" ab Seite 177

Von Grünland beherrschte Hochfläche zwischen Elbingerode und Hüttenrode; Blick in westliche Richtung an alten Halden vorbei und über den Kalkstein-Tagebau Mühlental zum Brocken.

Vulkane, Riffe und Eisenerze: Der Elbingeröder Komplex und seine Umrahmung

In diesem Kapitel durchwandern wir die Region zwischen Hüttenrode im Nordosten und Tanne im Südwesten. Ein Großteil der Routen verläuft durch die annähernd ovale, NE – SW-gestreckte und durch großflächig ausstreichende Riffkalke und Vulkanite geprägte Struktur des Elbingeröder Komplexes. Durch das Vorherrschen von Grünland und durch ihre großen Kalkstein-Tagebaue und Abraumhalden unterscheidet sich diese Region auffällig von ihrer bewaldeten Umgebung. Aber auch die Gesteine in ihrer östlichen und südlichen Umrandung werden wir kennenlernen.

Dennert-Tanne im Steinbachtal nördlich von Königshütte.

Vor allem im Raum des Elbingeröder Komplexes werden wir vielfach auf Zeugnisse des einst intensiven Eisenerzbergbaus stoßen. Der Autor möchte Sie bereits an dieser Stelle eindringlich bitten, Absperrungen, egal, wie fadenscheinig, verfallen oder nutzlos sie erscheinen mögen, ernst zu nehmen. Abseits der Wege muss damit gerechnet werden, unvermittelt auf den steil abfallenden Rand einer tiefen Pinge oder eines Schachts zu stoßen. Zudem besteht in vielen Bereichen Einsturzgefahr durch Einbrechen alter Stollen.

Weitere Exkursionsziele innerhalb des Elbingeröder Komplexes werden im Kap. „Vulkanismus, Riffentwicklung und Eisenerzbildung im Elbingeröder Komplex“ ab Seite 161 vorgestellt

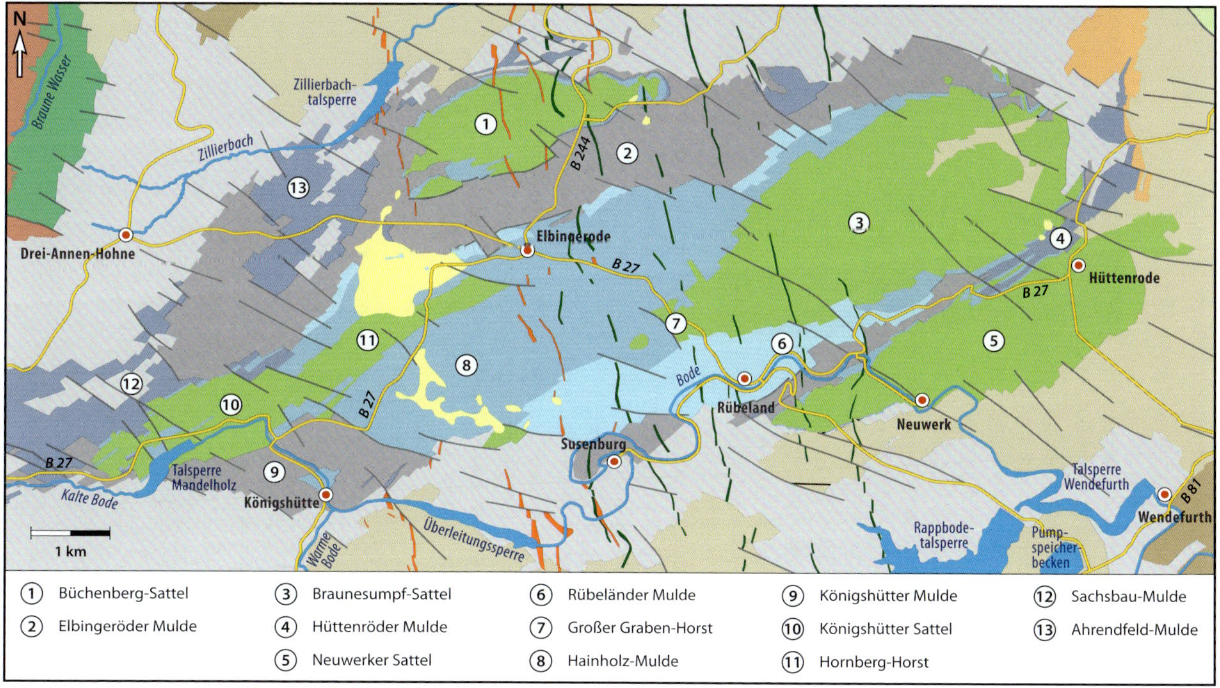

Geologische Karte des Elbingeröder Komplexes und seiner Umrahmung (ohne quartäre Bildungen) mit Kennzeichnung der Sattel- und Muldenstrukturen.

Von Hüttenrode über Rübeland nach Elbingerode

Info-„Häuschen" auf dem ehemaligen Zechengelände der Grube Braunesumpf.

Diese Wanderung führt vom Nordostrand des Elbingeröder Komplexes nahe Hüttenrode über Kreuztal und Rübeland nach Elbingerode mit seinen großen Kalkstein-Tagebauen. Von Kreuztal aus wird ein Exkurs bodeabwärts über Neuwerk zu den Dachschieferbrüchen im Schiefertal vorgeschlagen.

Ehemalige Grube Braunesumpf

Startpunkt ist das ehemalige Zechengelände der Grube Braunesumpf (**1**) östlich der B 27 etwa 1 km nördlich von Hüttenrode. Davon, dass sich hier im oberen Braunesumpftal eines der bedeutendsten Zentren des Harzer Eisenerzbergbaus befand, ist heute – zumindest von der Straße aus – so gut wie nichts mehr zu erkennen. Die Grube Braunesumpf war nach der Grube Büchenberg der wichtigste Eisenlieferant der DDR. Mit ihrer Stilllegung 1969 endete die viele Jahrhunderte währende Bergbaugeschichte im Hüttenröder Revier. Heute erinnern auf dem renaturierten Gelände Informationstafeln sowie der verschlossene Holzbergschacht und das Mundloch des Mühlenwegstollens an ihre einstige Bedeutung.

Schaubergwerk Büchenberg s. Seite 174

Über das Gelände führt ein Pfad nach Süden an diesen Bergbauzeugnissen vorbei. Am Ende des Pfads angelangt, queren wir die Bundesstraße und folgen einem Abschnitt des Montangeschichtlichen Rundwanderwegs nach Südwesten. Geologisch befinden wir uns in der nordöstlichen Hüttenröder

Die ca. 23 km lange Route lässt sich sehr gut in Teilabschnitten mit End- bzw. Startpunkten in Kreuztal und Rübeland erkunden

Kartenlegende

- Störung
- Tertiär
- Sedimente des Harzvorlands (Zechstein bis Oberkreide)

Unterrotliegend:
- Granit des Brockenplutons
- Diorit des Brockenplutons
- Mittelharzer Eruptivgesteinsgänge (sauer bzw. intermediär bis basisch)

Unterkarbon:
- Olisthostromale Bildungen (Hüttenröder Olisthostrom)
- Kulm-Tonschiefer u. -Grauwacke
- Kulm-Kieselschiefer

Mittel- bis Oberdevon:
- Buntschiefer
- Iberger Kalk (Riffkalk)
- Stringocephalenkalk (Riffkalk)
- Vulkanite der Schalstein-Folge
- Wissenbacher Schiefer mit Diabas

?U-Dev.:
- Quarzite

Kieselschiefer in einer Pinge am Holzberg; sie zeugen von den zu Beginn des Unterkarbons noch ruhigen Ablagerungsbedingungen ohne terrigene Beeinflussung mit nur sehr geringen Sedimentationsraten.

Zur Stratigraphie und Profilentwicklung im Elbingeröder Komplex s. die Grafiken Seite 163 u. 171

Mulde, die den Braunesumpf-Sattel im Westen vom Neuwerker Sattel im Osten trennt. Während die Sattelkerne durch den großflächigen Ausstrich der bis zu 1 000 m mächtigen mitteldevonischen vulkanogenen Gesteine der Schalstein-Formation gekennzeichnet sind, treten in der Hüttenröder Mulde kulmische (unterkarbonische) Gesteine zutage. Zwischen diesen beiden Gesteinseinheiten sind die mittel- bis oberdevonischen Gesteine der Riffkalk-Formation eingeschaltet.

Schalstein s. Kasten Seite 40

Kulm s. Seite 16

Da die Bildung bauwürdiger Erzlager mit Abklingen des Vulkanismus etwa zeitgleich mit dem Riffwachstum einsetzte, finden sich diese stets an der Basis der Riffkalke. Beiderseits des Wegs folgen mehrere tiefe Pingen dem nur schmalen, NE – SW- bis N – S-streichenden Kalksteinausstrich zwischen Schalstein im Westen und unterkarbonischen Ton- und Kieselschiefern im Osten.

Die farbigen Nummern im Text entsprechen denen auf der Übersichtskarte im vorderen Umschlag sowie denen in der Zusammenstellung der Lokalitäten ab Seite 183 im Kap. „Nützliches und Informatives“

Hier am Holzberg lagen die ergiebigsten Erzkörper des Hüttenröder Reviers. Bis Mitte der 1950er Jahre hat man die Eisenerze teilweise sogar noch im Tagebaubetrieb gewonnen. An einer Wegkreuzung mit einer Info-Tafel zum hiesigen Bergbau knapp 400 m nach Querung der Bundesstraße rechts abbiegend, gelangt man nach weiteren 400 m an den Rand einer ausgedehnten und tiefen Pinge (2). Ursprünglich erstreckte sich das Holzberglager über eine Länge von 500 – 600 m. Durch tektonische Verstellungen ist es in neun voneinander getrennte linsenförmige Erzkörper zerteilt worden. Überschiebungen haben zu Schichtverdopplungen oder auch -verdreifachungen geführt, sodass teilweise mehrere Erzlager übereinander liegen. Bohrungen haben nachgewiesen, dass das einst wohl an der Erdoberfläche ausstreichende Holzberglager mit guter Qualität und Mächtigkeit wenigstens bis in eine Tiefe von 500 m reicht.

Zur Genese der Eisenerze s. Seite 172

Entlang des Braunesumpf-Sattels

Zurück an der Wegkreuzung mit der Info-Tafel, geht es nun geradeaus Richtung Süden weiter auf die von Grünland beherrschte Hochfläche des Elbingeröder Komplexes. Die Schalstein-Sättel sind durchweg sehr reliefarm, weshalb man auf den Hochflächen kaum Aufschlüsse findet. Der parallel zur Bahntrasse führende Weg folgt der Südostflanke des Braunesumpf-Sattels, wo wir nach etwa 2 km auf den großen Steinbruch Garkenholz (**3**) treffen. Die hier anstehenden Riffschuttkalke sind das Resultat der brandungsbedingten Aufarbeitung der biogenen Bildungen des Riffkerns. Da sie meist keine Schichtung erkennen lassen, werden sie auch als Massenkalke bezeichnet. Sie enthalten hier hämatitschüssige Partien, die sich durch eine Rotfärbung zu erkennen geben.

Schematischer Schnitt durch ein Riff s. Grafik Seite 166

Hämatit: Eisenglanz, Roteisenstein, α-Fe_2O_3

An der Oberkante der Abbauwände erkennt man trichterförmige, mit rostbraunen bis gelben Sanden verfüllte Eintiefungen. Es handelt sich um Dolinen, die sich als Folge von Verkarstungsvorgängen auf der alttertiären Landoberfläche gebildet hatten. Als im unteren Oligozän Teilbereiche des Harzes nochmals vom Meer überflutet wurden, wurden sie mit dessen Ablagerungen verfüllt. Solche Hohlformfüllungen zählen zu den wenigen erhaltenen Vorkommen tertiärer Sedimente.

Zu Karst und Karstbildungen s. Kasten Seite 44

Zu weiteren Besonderheiten der Gesteine im Steinbruch Garkenholz s. Seite 169

Blick von der Nordwestflanke des Neuwerker Sattels auf den Kalksteinbruch Garkenholz.

Der durch Karstwässer gespeiste Blaue See im März (oben, Foto: M. Karrasch) und im August (unten).

Wenig westlich dieses Steinbruchs liegt ein weiterer, dessen Sohle der „Blaue See“ (**4**) ausfüllt. Auch hier stehen vorwiegend Riffschuttkalke des Atollstadiums an. Im oberen Hangbereich der Nordwestecke wurden auch Riffkernbereiche nachgewiesen. An der Westseite des Steinbruchs kann man den Anschnitt eines hydrothermal gebildeten Mineralgangs aus bräunlichen Ankerit-Kristallen entdecken. Ankerit ist wie Calcit (Kalkspat) ein Karbonatmineral, in dessen Kristallgitter jedoch ein Teil des Calciums durch Eisen ersetzt ist.

hydrothermal: durch heiße, gas- und salzreiche wässrige Lösungen entstanden; s. auch Kasten Seite 88

Der abflusslose See wird durch Karstwässer aus dem Untergrund gespeist. Im Verlaufe des Sommers und Herbstes verliert der See durch Karstspalten Wasser, wodurch der Wasserspiegel sinkt. Mit der Schneeschmelze steigt er im Frühjahr dann wieder an. Wenn Sie im zeitigen Frühjahr, bevor die Algenblüte eingesetzt hat, den Blauen See aufsuchen, erklärt sich die Namensgebung von selbst, denn dann hat das Wasser eine intensive türkisblaue Färbung. Der Gehalt des Wassers an gelöstem Kalk liegt im Bereich des Sättigungspunkts, sodass in den See eingetragene Partikel als Kristallisationskeime fungieren, an denen sich Kalk ausscheidet, der dann in dem ruhigen Wasser zu Boden sinkt. Den weißen Kalkschlamm am Seegrund kann man durch das kristallklare Wasser sehr gut sehen. Aufgrund seiner Klarheit kann das Sonnenlicht tief in das Wasser eindringen. Da Wasser den langwelligen Anteil des Lichtspektrums absorbiert, den kurzwelligen, blauen Anteil aber vollständig reflektiert, führt dies zu einer Blaufärbung des Wassers. Mit zunehmendem Algenwachstum zum Sommer hin färbt sich das Wasser grün. Erhöhte Schweb- und Nährstoffeinträge, wozu insbesondere auch das eigentlich nicht gestattete Baden im See beiträgt, begünstigen das

Anschnitt einer unterkarbonischen Wechsellagerung aus Kulm-Grauwacken und -Tonschiefern in Kreuztal.

Algenwachstum und vermindern die Selbstreinigungskraft des Wassers durch die Kalkausfällung.

Kreuztal

Auf dem Weg nach Kreuztal unterqueren wir die imposante Stahlkonstruktion des fast 30 m hohen Kreuztalviadukts, die als höchste Eisenbahnbrücke Norddeutschlands gilt. An der Bushaltestelle an der Abzweigung nach Neuwerk treffen wir auf einen größeren Felsanschnitt (**5**), in dem eine unterkarbonische Wechsellagerung aus mächtigen Kulm-Grauwacken und -Tonschiefern aufgeschlossen ist. Während sich im Unterkarbon die im Oberdevon vorherrschenden ruhigen Ablagerungsbedingungen mit der Bildung kieseliger und toniger Sedimente zunächst fortsetzten – nach einer vorangegangenen Sedimentationsunterbrechung auch verbreitet im Gebiet des einstigen Riffs –, zeugen die Grauwacken nun von einer zunehmenden Reliefenergie am Meeresboden mit fortschreitender Einengung des Rheia-Ozeans. Die intensive Deformation der Gesteine als Folge der späteren starken tektonischen Einengung hier im Kern der Hüttenröder Mulde lässt sich besonders im östlichen Profilabschnitt gut erkennen.

Zur Bildung der Grauwacken s. Kasten Seite 62

Rheia-Ozean s. Seite 11 und Grafik Seite 14

Ein kurzes Stück die B 27 zurück, führt zwischen den letzten Häusern von Kreuztal ein Pfad hinauf zum Krockstein, gelegen an der Nordwestflanke des Neuwerker Sattels. Bald stößt man auf sehr alte, z. T. moosbewachsene Halden und mehrere, zumeist kleinere verwachsene Pingen. Etwas abseits des Pfads liegt eine eingezäunte tiefe Schachtpinge (**6**). Sie

Blick von der Bodebrücke in Kreuztal auf den Krockstein (Foto: M. Karrasch).

Schalstein s. Kasten Seite 40

Kulm s. Seite 16

wurde unmittelbar an der Grenze zwischen Kalkstein auf der Nordwestseite und südöstlich angrenzendem Schalstein, aus dem der Krockstein im obersten Bereich aufgebaut ist, angelegt. Die Zone der schichtparallelen Vererzung fällt mit etwa 45° nach Südosten ein. Diese Einfallsrichtung spricht für stark gestörte Lagerungsverhältnisse. Infolge der Einengung während der Variszischen Gebirgsbildung wurden die Gesteinsschichten der Schalstein- und Riffkalk-Formation am Nordwestschenkel des Neuwerker Sattels nach Nordwesten überkippt und über die stark deformierten, aber normal gelagerten kulmischen Gesteine im Übergang zur Hüttenröder Mulde geschoben. Somit lagern hier am Krockstein die älteren Schalsteine über den jüngeren Riffkalken.

„Marmor"-Pinge am Krockstein.

Sowohl der Kalkstein als auch der Schalstein sind durch die Eisenvererzung rötlich gefärbt. Zwar wurde auch das Erz abgebaut, doch hier war man eher auf die Gewinnung des hämatitisierten, fossilreichen

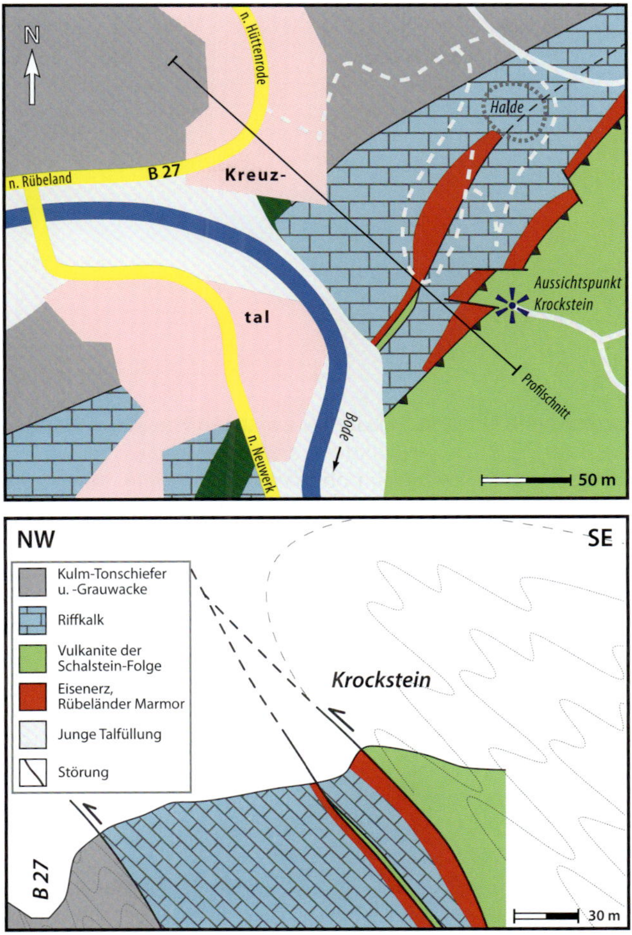

Geologische Karte der Region um Kreuztal und Profilschnitt durch den Krockstein; störungsbedingt ist es hier zu einer Verdopplung des Erzlagers gekommen. Verändert nach FRIEDEL (2009).

Kalksteins selbst aus, der unter der Bezeichnung „Rübeländer Marmor" als Dekorationsstein weit über den Harz hinaus sehr begehrt war. Es handelt sich natürlich nicht um ein metamorphes Gestein und damit nicht um einen Marmor in petrographischem Sinne. In der Natursteinindustrie wird allgemein ein schleif- und polierfähiger Kalkstein seit jeher als

Abraumhalde auf dem Krockstein; Insets: Nahansichten des Haldenmaterials aus vererzten Riffschuttkalken (Rübeländer Marmor).

Marmor bezeichnet. Auf den Halden in der Umgebung kann man sehr schöne Handstücke dieses Gesteins finden, das aus grobem Riffschutt des Außenriffbereichs in unmittelbarer Riffkernnähe besteht.

Exkurs über Neuwerk ins Schiefertal

Als Exkurs, der sich auch gut als separate Tour eignet, sei eine Wanderung von den Pingen am Krockstein über Neuwerk zu einem Diabassteinbruch und zu den alten Dachschieferbrüchen im Schiefertal, einem Seitental des Bodetals, vorgeschlagen. Zurück geht es dann von Neuwerk die Straße entlang nach Kreuztal und von dort weiter nach Rübeland. Die Gesamtstrecke bis Kreuztal beträgt etwa 7,5 km. Wer von hier aus gleich Richtung Rübeland weitergehen möchte, muss nun den gekommenen Pfad zurück nach Kreuztal gehen. Ansonsten führt dieser Pfad zunächst noch weiter aufwärts und mündet nach einer Spitzkehre auf einen anderen Weg. Nach links führt dieser aus dem Wald heraus und über die grünlandbestandene Nordwestflanke des Neuwerker Sattels zurück Richtung Hüttenrode, wobei sich einem herrliche Fernblicke über die Hochfläche des Elbingeröder Komplexes bieten. Nach rechts geht es dann weitgehend höhenlinienparallel an Klippen und Anschnitten in grünlichen Schalsteinen entlang Richtung Neuwerk.

In dem malerisch im tief eingeschnittenen Bodetal gelegenen einstigen Hütten- und Bergarbeiterort Neuwerk mit seinen alten Fachwerkhäusern angekommen, können wir an den Fundamenten etlicher Häuser und Mauern erkennen, dass der

Schalsteinaufschluss am Weg unweit des Aussichtspunkts auf dem Krockstein oberhalb der Pingen und Halden.

Schalstein als Baustein durchaus begehrt war, denn er lässt sich gut bearbeiten. Die glatten Oberflächen eignen sich gut, um sich diese Gesteine quasi im Anschliff einmal genauer anzusehen. Am einstigen Hütteplatz (**7**) informieren Tafeln über die lange Bergbaugeschichte Neuwerks. Sie gründet sich u. a. auf qualitativ sehr hochwertige Eisenerzvorkommen, die v. a. am Weißen Stahlberg südwestlich oberhalb des Orts in zahllosen kleinen Pingen abgebaut wurden.

Schalstein findet sich nicht selten als Werkstein im Mauerwerk, wie hier am Ausgang des Steinbachtals bei Königshütte.

Am Ostrand von Neuwerk nun dem Harzer Hexen-Stieg nördlich der Bode folgend, stoßen wir einige hundert Meter flussabwärts bald auf Bergbauspuren, u. a. in Form von Resten eines Schrägaufzugs und eines in der Bode stehenden Pfeilers einer ehemaligen Brücke. Sie verband die beiderseits der Bode angelegten Diabassteinbrüche, die noch bis 1961 in Abbau standen. Wir befinden uns hier an der Südostflanke des Neuwerker Sattels fast unmittelbar an der Grenze zu den Wissenbacher Schiefern der Blankenburger Zone mit ihren eingeschalteten Diabasen.

Das diesseitige Bruchgelände (**8**), das wir ein kurzes Stück weiter bei einer Schutzhütte erreichen, hat beträchtliche Ausmaße, allerdings ist der weitaus größte Teil mittlerweile stark verwachsen. Der Diabas hier

Zum Begriff „Schalstein“

Schalstein ist ein Sammelbegriff für mitteldevonische marine Sedimente aus vulkaniklastischem Material, die den Keratophyren (s. S. 47) und Spiliten (s. Kasten S. 42) des Elbingeröder Komplexes zwischengelagert sind. Das bei den Eruptionen in großen Mengen ausgeworfene pyroklastische Material – Asche, Lavafetzen und -brocken – umfasst einen sehr weiten Korngrößenbereich vom Staubkorn bis zu cm- bis dm-großen Brocken, aus denen Tuffe, Lapillistein, pyroklastische Brekzien und Agglomerate vulkanischer Bomben hervorgingen.

Bei der schreckhaften Abkühlung submarin ausfließender Lava erstarrte deren Außenhaut zu einer glasigen Masse, die durch nachdringende Lava wiederholt aufplatzte. Dabei fielen große Mengen an Gesteinssplittern an, die sich strömungsbedingt zu großer Mächtigkeit anhäufen konnten. Oft haben solche Hyaloklastite einen großen Anteil an der Zusammensetzung der Schalsteine.

Zuweilen finden sich in dem Auswurfmaterial neben Fragmenten aus errstarrter Lava auch vom Magma aus der Schlotwand herausgerissene Gesteinsbrocken. Überwiegend handelt es sich um Vulkanite und Vulkaniklastite älterer Aktivitätsphasen, aber auch Gesteine nicht-vulkanischer Genese kommen vor.

Bedingt durch submarine Alterationsvorgänge weisen Schalsteine einen oft beträchtlichen Gehalt an Calciumkarbonat auf. Ihre Grünfärbung geht auf die ebenfalls alterationsbedingte Neubildung von Chlorit, einem Tonmineral, zurück. Das unebenflächige, lagig-plattige (schalige) Gefüge verdanken diese „kröseligen“ Gesteine der Schieferung, die sie während ihrer späteren Deformation erfahren haben. Die gesamte Abfolge der mitteldevonischen effusiven Vulkanite und Vulkaniklastite wird als Schalstein-Folge bzw. Elbingerode-Schalstein-Formation zusammengefasst.

Vulkaniklastit: Pyroklastit, Tephra; Sammelbegriff für vulkanische Auswurfprodukte

Tuff: feinkörnige vulkanische Auswurfmassen

pyroklastische Brekzie: verfestigter Pyroklastit aus eckigen Blöcken mit ø > 64 mm

Effusivgestein: Ergussgestein; an der Erdoberfläche erstarrtes Gestein

wird im Unterschied zu anderen, i. d. R. Lagergänge bildenden Vorkommen als stockförmige Intrusion beschrieben. Mit mehr als 100 m ist diese ausgesprochen mächtig. Seine Grobkörnigkeit verdankt das auffällig grünliche Gestein hellen Einsprenglings-Feldspäten. Die in die umgebenden Tonsteine eingedrungene Schmelze ist offensichtlich nur langsam abgekühlt, denn das Kristallwachstum benötigt Zeit. Diese Voraussetzung war vor allem dann gegeben, wenn der Intrusionskörper wie hier größere Ausmaße hatte. Die intensive Verwachsung der Minerale, v. a. der Plagioklase und Pyroxene, verleiht diesem Gestein, das vorwiegend für den Straßenbau verwendet wurde, eine besonders hohe Festigkeit. Im Gesteinsschutt am Fuß der Steinbruchwand finden sich auch zahlreiche, zumeist dünnplattige Bruchstücke der Wissenbacher Schiefer, die den Diabas im obersten Hangbereich überlagern.

Der weitere Weg führt am Standort der ehemaligen Schiefertaler Sägemühle vorbei, auf den uns eine Dennert-Tanne aufmerksam macht. Etwa 300 m weiter gelangen wir an die Einmündung des Schiefertals (**9**), in dem der Wissenbacher Schiefer in mehreren Brüchen von teilweise beträchtlicher Größe gewonnen wurde. Schieferplatten waren aufgrund ihrer Langlebigkeit als Dachbelag und zur Verkleidung von Hauswänden früher sehr gefragt. Zudem war die Brandgefahr erheblich geringer als bei Stroh- und Holzschindeldächern. Und anders als heute war Holz aufgrund des großen Bedarfs im Bergbau und für die Holzkohlenherstellung akute Mangelware.

Diabassteinbruch bodeabwärts von Neuwerk; Inset: Nahansicht des hier sehr grobkörnigen Diabas (Bildbreite: 5 cm).

Der Schieferbergbau im Harz war fast ausnahmslos an den Ausstrich der Wissenbacher Schiefer gebunden. Die Gruben am Schieferberg bildeten das größte Abbaugebiet in unserem Exkursionsgebiet. Der Abbau hatte allerdings bei Weitem nicht die Dimensionen wie beispielsweise im Goslarer Raum im Oberharz. Sieben Gruben wurden hier ab Mitte des 17. Jh. mit Unterbrechungen bis ins 19. Jh. hinein betrieben. Beginnend etwa 200 m talaufwärts, ziehen sie sich perlschnurartig den Hang hinauf. Eine Zuwegung gibt es heute nicht mehr, das Aufsuchen der Gruben und Halden ist daher mit einer gewissen Kraxelei durch das Unterholz verbunden. Von den Abbauwänden und Stollen sollte man Abstand halten, denn hier muss stets mit Gesteinsabbrüchen gerechnet werden.

Dachschiefergruben im Schiefertal

Die in millimeterdünne Platten spaltbaren Schiefer spalten nach den Schieferungsflächen, die sich während der Faltung der Gesteine als Reaktion auf die kompressiven Kräfte gebildet hatten. Bei Schieferungsflächen handelt es sich um senkrecht zum einwirkenden Druck orientierte Scherflächen, also um Bewegungsbahnen, entlang derer das Gestein jeweils um kleinste Beträge zerglitten ist. Die Schichtung ist durch die Schieferung oft vollständig überdeckt und makroskopisch nicht zu erkennen.

Wissenbacher Schiefer und Diabas s. auch Kasten Seite 42

Plagioklas: Calcium-Feldspat

Pyroxene: gesteinsbildende Mineralgruppe der Kettensilikate

Die Gewinnung brauchbarer Schieferplatten war eine extrem mühselige Angelegenheit, denn ihre Eignung als Dachschiefer hängt ganz wesentlich von der Reinheit der Tonschiefer ab. Selbst geringe Gehalte an Kalk oder Pyrit machen sie

Steinbruch im Wissenbacher Schiefer im Schiefertal; Inset: Nahansicht der Schiefer.

sehr verwitterungsanfällig. Gleiches gilt für Sandeinlagerungen. Aber bereits das Auffinden ausreichend großer, millimeterdünn spaltbarer Partien im anstehenden Schiefer war nicht einfach, denn diese finden sich nur dort, wo der Winkel zwischen der ursprünglichen Schichtung und den Schiefe-

Die Wissenbacher Schiefer mit ihren Diabasen

Die **Wissenbacher Schiefer** sind aus tonigen Sedimenten hervorgegangen, die zwischen oberem Unterdevon und unterem Mitteldevon landfern auf dem Schelf- und Kontinentalhang vor der Küste Ost-Avalonias abgelagert wurden. Die Mächtigkeit dieser Stillwasserablagerungen erreicht mehrere hundert Meter. Es sind schwarzgraue, dünnbankige bis feinlaminierte Gesteine. Teilweise sind sie etwas kalkhaltig, auch können ihnen geringmächtige Kalkbänke (Flinzkalk) eingelagert sein. Gelegentlich zeugen hellere Lagen oder Schlieren von sandigen Einschaltungen. Ihre dunkle Farbe verdanken sie einem deutlichen Gehalt an organischer Substanz. Diese, und auch der durchaus enthaltene Pyrit (FeS_2), weisen auf einen Sauerstoffmangel innerhalb des Sediments zur Zeit der Ablagerung hin, wodurch die oxidative Zersetzung der organischen Substanz gehemmt war. Fossilfunde von bodenlebenden Organismen in den Schiefern belegen jedoch, dass der freie Wasserkörper davon nicht oder nicht in dem Maße betroffen war.
Der Wissenbacher Schiefer ist in der Blankenburger Zone sehr verbreitet, ebenso im Oberharzer Devonsattel südwestlich von Goslar. Auch im Liegenden der Vulkanite des Elbingeröder Komplexes ist er nachgewiesen. Seine Verbreitung ist nicht auf den Harz beschränkt. In der Lahn-Dill-Region im Rheinischen Schiefergebirge liegt der Ort Wissenbach, die Typuslokalität dieses Schiefers. Ebenfalls nicht nur im Harz wurde er wegen seiner oft ausgezeichneten Spaltbarkeit vielerorts als Dachschiefer abgebaut.
Oftmals sind den Schiefern **Diabase** zwischengelagert. Dehnungsvorgänge in der Kruste hatten basaltischen Schmelzen Aufstiegswege geboten. Eher selten hat sich die

rungsflächen sehr klein ist. Je geringer dieser Winkel ist, desto größere Platten konnten gewonnen werden. Der größte Teil des gebrochenen Schiefers war daher Abraum.

Alter Abbau von Wissenbacher Schiefern im Schiefertal.

Zurück in Kreuztal, geht es nun der Straße nördlich oder dem Wanderweg südlich der Bode folgend nach Rübeland mit seinen vielbesuchten Höhlen (**10**), die sich in den hier großflächig zwischen den südwestlichen Enden des Neuwerker und Braunesumpf-Sattels zutage tretenden Kalksteinen durch Karstvorgänge gebildet haben. In beiden Höhlen kann man die prächtige Vielfalt der Tropfsteine, Sinterterrassen und -gallerien bestaunen. Bereits Leibniz und Goethe haben die im 16. Jh. entdeckte Baumannshöhle besucht. Sie war noch zu Goethes Zeiten die einzige bekannte Tropfsteinhöhle Deutschlands und gilt nicht nur als die älteste Schauhöhle, sondern auch als ältestes geschütztes Na-

Rübeland

Lava über den Meeresboden ergossen, meist ist sie mehr oder weniger tief unter der Sedimentoberfläche schichtparallel in die noch unvollständig verfestigten Sedimente eingedrungen, wo sie als sogenannter Lagergang erkaltete. Die Mächtigkeit dieser Subvulkanite erreicht zuweilen gerade mal einen Meter, andernorts beträgt sie mehrere Dekameter. Aufgrund ihrer Schichtkonformität zeichnet ihr Ausstrich das Schichtstreichen der sie umgebenden Schiefer im Kartenbild ganz hervorragend nach. Da sich der Diabas im Unterschied zu den Schiefern durch eine hohe Verwitterungsresistenz auszeichnet, prägt sich sein Ausstrich meist sehr deutlich durch Härtlingsbildung und Hangversteilung, teilweise sogar mit Klippenbildung, im Relief durch.
Durch den Untergrund des Meeresbodens zirkulierendes natriumreiches Meerwasser hat zu lang anhaltenden Alterationsvorgängen im Basalt geführt, die bereits unmittelbar nach der Erstarrung der Schmelze einsetzten. So zeichnen sich Diabase im Unterschied zu Basalten durch erhöhte Anteile des natriumreichen Feldspats Albit aus, hervorgegangen aus der Umwandlung des calciumreichen Feldspats Anorthit. Vor allem die Umwandlung der Pyroxene zu grünem Chlorit führte zu einer oft auffälligen Grünfärbung des Gesteins, das daher auch „Grünstein" genannt wird. Die Alterationsvorgänge werden unter dem Begriff „Spilitisierung" zusammengefasst, weshalb Diabase auch als **Spilit** bezeichnet werden. Meist bezieht sich der Begriff „Spilit" auf effusive, am Meeresboden ausgetretene und entsprechend alterierte Basalte, die im Unterschied zu den meisten subvulkanischen Diabasen aufgrund ihrer sehr raschen Erstarrung makroskopisch keine Feldspateinsprenglinge erkennen lassen.

Blick vom Eingang der Hermannshöhle auf die Herzklippe an der Bodebrücke in Rübeland.

turdenkmal Deutschlands. Die auf der anderen Bodeseite nahe dem Bärenfelsen gelegene, deutlich größere Hermannshöhle hat keinen natürlichen Zugang und wurde erst 1866 bei Straßenbauarbeiten entdeckt.

Mit Blick auf die Höhlenentstehung bietet die Hermannshöhle die instruktiveren Einblicke. Hier lässt sich ihre Entwicklung von ersten Hohlraumbildungen entlang von Klüften über ihre Weitung und ihre der schrittweisen Eintiefung der Bode

Verkarstung und Karsterscheinungen im Elbingeröder Komplex

Verkarstung ist ein Phänomen, das in Kalkgebieten verbreitet auftritt. Das mit Kohlendioxid aus der Atmosphäre beladene Niederschlagswasser ist relativ sauer und hat dadurch eine hohe Lösungskraft gegenüber Kalkgesteinen. Diese Lösung führt vielfach zur Bildung von Spalten und Hohlräumen sowie unterirdischen Wasserwegsamkeiten im Kalkstein. Brechen größere Hohlräume oberflächennah ein, bilden sich an der Erdoberfläche Einsturztrichter, sogenannte Dolinen.

Die Bode und der Mühlenbach sind in dem von Kalkstein beherrschten Gebiet die einzigen Flüsse mit permanenter Wasserführung. Ansonsten zeichnet sich das Gebiet durch eine weitgehend fehlende oberflächliche Entwässerung aus. Nur zur Zeit der Schneeschmelze und nach Starkregen führen einige Bäche temporär Wasser, bevor es durch Karstspalten und Schlucklöcher im Kalkstein versinkt. Die meiste Zeit des Jahres bilden diese kurzen Abflussrinnen Trockentäler.

Aber trotz des langen Zeitraums seit Beginn der Heraushebung des Harzes über den Meeresspiegel unter weitgehend eine Verkarstung begünstigenden feuchtwarmen Klimaverhältnissen hat sich kein markantes und tief reichendes Karstrelief entwickelt, wie man es vielleicht aus anderen Teilen der Welt kennt. Das lässt sich damit erklären, dass der Harz lange Zeit nie wirklich weit über den Meeresspiegel hinausragte. Die Bode, die damals wie heute als Vorfluter für die Region des Elbingeröder Komplexes fungierte, konnte sich daher auch nicht tief in den Untergrund einschneiden. Im Niveau der Bode beginnt die grundwassergesättigte Zone. Verkarstungsvorgänge sind aber an die darüberliegende ungesättigte Zone gebunden, sodass in diesem Zeitraum bestenfalls eine nur sehr flachgründige Verkarstung stattfinden konnte. Erst später, im Zusammenhang mit regressiven Tendenzen des Meeres im obersten Oligozän und der weiteren Heraushebung des Harzes, konnte sich die Bode tiefer in die Landschaft einschneiden. Auch im Miozän waren die klimatischen Voraussetzungen für die Karstbildung noch günstig. Im Pliozän setzte dann allerdings eine Abkühlung ein, die in den pleistozänen Kaltzeiten kulminierte.

folgenden Tiefenverlagerung, die Ausbildung unterirdischer Flussläufe bis hin zum Zusammenwachsen einzelner Höhlen zu großen „Sälen“ mit Deckenabbrüchen sehr gut nachvollziehen. In der Hermannshöhle lassen sich sechs übereinanderliegende Höhlenniveaus unterscheiden, die durch Erosionsschluchten und infolge von Verstürzen miteinander in Verbindung stehen. Mit 600 m Länge haben die vier obersten Niveaus die größte Ausdehnung. Das unterste Höhlenniveau liegt im Niveau der heutigen Bode, das oberste 27 m darüber. Auch heute noch werden die tiefstgelegenen Höhlenbereiche von Nebenarmen der Bode durchflossen. Beide Höhlen bildeten sicherlich, bevor sich die Bode bis zu ihrem heutigen Niveau in den Kalkstein eingetieft hatte, ein zusammenhängendes Höhlensystem.

Dem Permafrost während der Kaltzeiten ist es letztendlich zu verdanken, dass sich die tief eingekerbten Täler der Bode und des Mühlenbachs bilden konnten, die heute dem Rübeländer Raum seinen besonderen landschaftlichen Reiz verleihen. Aufgrund des ganzjährig und tiefgründig gefrorenen Untergrunds waren die Klüfte, Spalten und Karsthohlräume dauerhaft mit Eis verplombt. Sommerliche Schmelz- und Niederschlagswässer flossen oberirdisch ab, anstatt großenteils zu versickern. Die dadurch bedingte Tiefenerosion führte zu einer Absenkung des Vorflutniveaus und damit zu einer Vergrößerung der ungesättigten Zone. In den Warmzeiten dominierte wieder die unterirdische Entwässerung des Gebiets, sodass die Verkarstung nun in die Tiefe fortschreiten konnte. In die Warmzeiten fällt auch die Bildung der Rübeländer Höhlen, in deren Stockwerken sich die verschiedenen Phasen der Bodeeintiefung widerspiegeln.
Die quartäre Verkarstung ist überwiegend an die Ränder des Kalkgebiets gebunden. Vor allem an seinem Nordrand, wo kalkuntersättigte Oberflächenwässer aus den nördlich und nordwestlich angrenzenden, höher gelegenen Regionen auf die Kalkgesteine treffen, sind sehr junge Karsterscheinungen in Form von Dolinen zu beobachten. Der durch Subrosionsvorgänge beeinflusste Bereich beschränkt sich hier auf die oberen 5 m.

Dolinen nördlich des Galgenbergs bei Elbingerode.

Blick von der Ruine Birkenfeld oberhalb von Rübeland in westliche Richtung über die Einmündung des Mühlentals in das Bodetal hinweg und am Hohnekamm vorbei zum Brocken.

In beiden Höhlen hat man Knochen eiszeitlicher Tiere gefunden. Sie stammen u. a. von Wölfen, Auerochsen und Rentieren, mehrheitlich aber von Höhlenbären. Letztere waren im Pleistozän, dem Eiszeitalter, in ganz Europa bis zum Ural verbreitet, starben aber vor etwa 28 000 Jahren, also noch vor dem Ende des letzten Glazials, aus. Den Grund für ihr Aussterben kennt man nicht sicher. Er könnte mit der zunehmenden Abkühlung des Klimas zu dieser Zeit zusammenhängen, denn der Höhlenbär war eigentlich kein typischer Bewohner einer Tundrenlandschaft, sondern ernährte sich als Allesfresser vermutlich vorwiegend von laubtragenden Pflanzen. Auch eine Dezimierung durch den altsteinzeitlichen Menschen, der in der Baumannshöhle seine Spuren in Form von Knochen- und Feuersteingeräten – den ältesten Zeugnissen von der Besiedlung des Harzes durch den Menschen – hinterlassen hat, wird nicht aus-

Riffbildner im fossilreichen Kalkstein an der Ruine Birkenfeld oberhalb von Rübeland: Längs- und Querschnitte von rugosen Korallen (a) – (d), grobporige (e) und knollige Stromatopore (f).

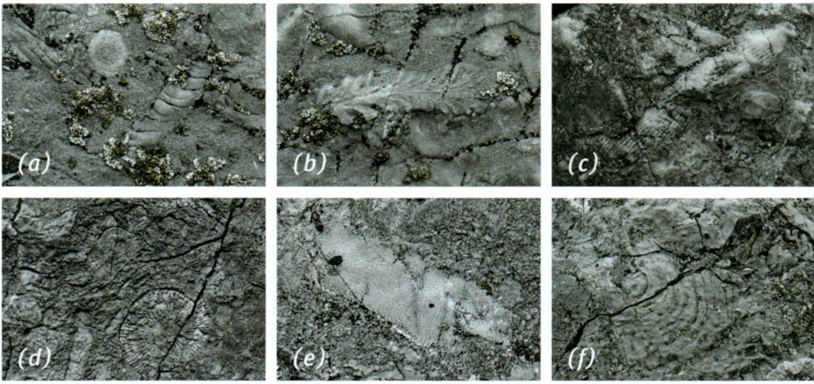

geschlossen. Die zahlreichen Knochenfunde vom Höhlenbären veranlasste die Bewohner Rübelands, ihm zum Gedenken ein steinernes Abbild auf dem Bärenfelsen, der eigentlich Herzklippe heißt, zu errichten.

Sehr lohnend ist ein Abstecher zur Ruine Birkenfeld (**11**) und zum Hohen Kleef mit seinem Aussichtspavillon, die man über einen serpentinenartigen Weg kurz bodeaufwärts von der Grotte (**93**) gegenüber der Bodebrücke erreicht. Die Ausblicke über Rübeland und die durch das Bode- und Mühlental eingekerbte Hochfläche des zentralen Elbingeröder Komplexes hinweg entschädigen die Mühen des Aufstiegs allemal. Von der mittelalterlichen, vermutlich zum Schutz der Rübeländer Eisenhütten und des Bodeübergangs errichteten Burg sind nur noch Reste des Wohnturms vorhanden. In dem Kalksteinfelsen, auf dem die Burg errichtet wurde, kann man stellenweise eine Fülle fossiler Überreste der einstigen Riffbewohner entdecken.

Zur besonderen Genese der Kalksteine im Umfeld der Grotte s. Seite 166

Durch das Mühlental nach Elbingerode

Die weitere Wanderung durch das Mühlental Richtung Elbingerode entlang des Radwegs neben der Straße führt an dunklen Klippen aus vulkanischen Effusivgesteinen aus dem Unterlager der Riffkalke vorbei. Sie bestehen aus Keratophyr und dessen Tuffen und markieren die Südwestspitze des Braunesumpf-Sattels, an die sich Richtung Elbingerode großflächig lagunäre Kalkgesteine anschließen. Die Vulkanite gehören zu den jüngeren Bildungen der Schalstein-Formation. Im Unterschied zu den älteren vulkanischen Effusiva im Elbingeröder Komplex und zu den meist subvulkanisch gebildeten Diabasen in seinem Umfeld sind sie etwas kieselsäurereicher und daher meist auch heller.

Blick vom Informationspunkt in den Kalkstein-Tagebau Elbingerode.

Zur Genese der Pyritlagerstätte und zum hiesigen Eisenerzbergbau *s. Seite 175*

Nahe der Zufahrt zum Kalkwerk Mühlental-Nord gelangen wir zum ehemaligen Besucherbergwerk Drei Kronen & Ehrt, in dem noch bis 1990 unter dem Namen „Grube Einheit" in großem Umfang Schwefelkies (Pyrit) abgebaut wurde. Diese Lagerstätte bildete einst die Grundlage für die Schwefelsäureindustrie der DDR.

Kalkstein-Tagebau Elbingerode

Schematischer Schnitt durch ein Riff *s. Grafik Seite 166*

Stadien der Riffentwicklung *s. Grafik Seite 163*

Die letzte Etappe führt zunächst ins Zentrum von Elbingerode und von dort an der durch Karstwässer gespeisten Brauhausquelle (**12**) in der Torstraße vorbei etwa 1 km Richtung Süden zu einem Aussichts- und Informationspunkt am Rande des Tagebaus Elbingerode (**13**). Er ist der jüngste und mit 1 200 x 300 m² Ausdehnung größte der Region. Wie in allen anderen der großen Kalksteinbrüche werden auch hier die Kalksteine des lagunären Rückriffbereichs abgebaut, der im oberen Mitteldevon, durch den Riffkern vom offenen Ozean getrennt und vor der Brandung geschützt, während des Atollstadiums den Raum zwischen den Vulkanen einnahm.

Im Kalkwerk Rübeland am Tag des offenen Steinbruchs.

Man mag sich fragen, was an diesem Kalkstein so besonders ist, dass man für dessen Gewinnung seit etwa 100 Jahren der Landschaft derart große Wunden zufügt. Es ist seine Reinheit, die ihn für viele Anwendungen zu einem sehr gefragten Rohstoff macht. Aufgrund der landfernen Lage des Riffs hat es so gut wie keine terrigenen Stoffeinträge gegeben, sodass der Kalkgehalt mit 97 – 99 % ausnehmend hoch ist. Dazu kommt der große Gesamtvorrat. Stellenweise erreicht der Kalk eine Mächtigkeit von 500 m.

Wenn man sich die obersten Meter der Abbauwände ansieht, kann man leicht ermessen, dass bei dem Kalkabbau große Mengen an Abraum anfallen, denn das die Karstschlotten und Dolinen ausfüllende Lockermaterial macht den Kalk aus diesen Bereichen für die industrielle Verwendung unbrauchbar. Bei dem heutigen modernen Betrieb wird die Menge des Abraums u. a. durch den Einsatz von Kalksteinwaschanlagen minimiert. In regelmäßigen Abständen veranstalten die Fels-Werke, Betreiber der Kalkstein-Tagebaue im Elbingeröder Komplex, einen gut organisierten „Tag des offenen Steinbruchs“, an dem einige der Tagebaue besichtigt werden können und vielseitige Informationen zum Kalkabbau und zur Weiterverarbeitung geboten werden.

Es lohnt sich, sich zum Abschluss dieser Wanderung die als Begrenzung vor der Steinbruchkante aufgestellte lange Reihe an Kalkblöcken ein kurzes Stück südlich von hier einmal genauer anzusehen. Sie zeigen neben einer erstaunlichen Vielfalt an Biogenen z. T. auch schön ausgebildete Calcitkristalle, die großflächig Spalten im Kalkgestein ausgefüllt hatten.

Von der Talsperre Mandelholz über Königshütte nach Tanne

Blick über das Südwestende der Talsperre Mandelholz unweit der Einmündung der Wormke in die Kalte Bode.

Diese Exkursion führt von Mandelholz die Kalte Bode abwärts nach Königshütte, wo sich Kalte und Warme Bode zur Bode vereinigen. Ein Exkurs entlang der Überleitungssperre führt zu einer sehenswerten Aufschlusskette in unterkarbonischen olisthostromalen Bildungen. Die weitere Exkursion folgt der Warmen Bode aufwärts bis nach Tanne, wobei wir den Elbingeröder Komplex verlassen und uns großenteils durch die Tanner Zone bewegen werden.

Die ca. 17 km lange Route lässt sich gut in zwei Teilabschnitten mit dem Parkplatz unterhalb der Ruine Königsburg in Königshütte als End- bzw. Startpunkt erkunden

Startpunkt ist der Parkplatz beim Hotel „Grüne Tanne“ an der B 27 kurz westlich der Talsperre Mandelholz. Wir befinden uns hier am südwestlichen Ende des schmalen Königshütter Sattels zwischen der Ahrendfeldmulde im Norden und der Königshütter Mulde im Süden. Den mitteldevonischen Vulkaniten und Vulkaniklastiten der Schalstein-Formation des Sattelkerns liegen an den Flanken geringmächtige Riffschuttkalke des Atollstadiums auf, die ihrerseits von unterkarbonischen Kulm-Kiesel- und -Tonschiefern überlagert werden.

Dass hier an der Einmündung des Wormketals in das Tal der Kalten Bode etwa 300 Jahre lang bis 1865 eine Eisenhütte betrieben wurde, sieht man dieser Lokalität nicht mehr an. Ein Teil der Erze stammte aus den nahe gelegenen Pingen im Wormketal. Kurz hinter dem Hotel wurde in der als Naturdenkmal geschützten Grube Blanke Wormke (**14**) ein mehrere Meter mächtiges Erzlager aus kieseligen Roteisenerzen abgebaut. Der Eisengehalt dieser Hämatiterze lag zwischen 32 und 42 %. Im südlichen Teil der Grube stehen Trümmerkalke mit teilweise eisenschüssigem Bindemittel an. Sie werden von vielen Bearbeitern als Reste einer

Grube Blanke Wormke

Durch Verwitterungsvorgänge bunt gefärbte vererzte Tuffite in der Grube Blanke Wormke im Wormketal.

frühen Riffbildung in Phasen relativer vulkanischer Ruhe (Vorphasenkalke) angesehen. Im nördlichen Teil stehen dagegen vererzte Tuffe an. Die rotbraune bis gelbliche Färbung geht auf Verwitterungsvorgänge zurück, im Zuge derer die Eisenerze, hier insbesondere der lokal auftretende Pyrit, zu mulmartigem Limonit umgewandelt wurden.

Aus Vulkaniklastiten aufgebaute Klippen am Ausgang des Steinbachtals; Inset: Nahansicht von Lapilli in feinkörniger Matrix.

Der Straße nun Richtung Königshütte folgend, trifft man unmittelbar vor den ersten Häusern an der Einmündung des Steinbachtals auf Klippen (**15**), die aus Vulkaniklastiten der Schalstein-Formation aufgebaut werden. Die vielfach glatten Gesteinsoberflächen bieten ganz vorzügliche Querschnitte durch diese Tuffablagerungen. In dem oft porösen Gestein fallen bis etwa nussgroße, zumeist dunkle, in jedem Fall aber eckige Gesteinsbruchstücke (Lapilli) in der feinkörnigen Matrix auf. Es sind Fragmente zerborstenen Festgesteins, die bei den vulkanischen Eruptionen zusammen mit großen Mengen Asche ausgeworfen und am Meeresboden sedimentiert wurden.

Von Mandelholz nach Königshütte

Pyrit: Schwefelkies, Katzengold, FeS_2

Limonit: Brauneisenerz; ein oft mulmartiges Gemisch aus Goethit (α-FeOOH) und Lepidokrokit (γ-FeOOH)

Die Straße weitergehend, erreicht man nahe der Brücke der Rübelandbahn einen Wasserfall. Über die Kante eines ehemaligen Steinbruchs stürzt das Wasser eines kleinen, künstlich angelegten Bachs etwa 20 m in die Tiefe. Zuletzt wurde hier in den 1950er Jahren Material für den Bau der Überleitungssperre und der Talsperre Mandelholz gebrochen.

Der hohe, mit Fangnetzen gesicherte Straßenanschnitt am Westhang des Bockbergs (**16**) kurz südlich der Brücke schließt grünlich grau verwitternde Keratophyre und grobklastische Tuffite der Schalstein-Formation auf. Unregelmäßig geformte scharfkantige Lavabrocken und vulkanische Bomben aus Keratophyrbruchstücken sind mit feinerem Tuffmaterial vermengt.

Keratophyr *s. Seite 47*

Schalstein *s. Kasten Seite 40*

Straßenanschnitt in Keratophyren und Tuffiten am Westhang des Bockbergs in Königshütte; Insets (von oben nach unten): grobklastische Tuffite, hydrothermale Hämatitvererzung, Calcitbildungen.

Stromatoporen: ausgestorbene Gruppe koloniebildender Meerestiere mit Kalkskelett, heute meist den Schwämmen zugeordnet

Trum: geringmächtiger Gang

In Ruhephasen des Vulkanismus kam es als Vorstufe der Riffbildungen zu ersten Karbonatausscheidungen auf freien Oberflächen und in Hohlräumen. An mehreren Stellen kann man auf Klüften und in Zwischenräumen der vulkanischen Gesteinsbrocken weiße bis rosafarbene Calcitbildungen entdecken. Vor allem Stromatoporen und Seelilien zählten zu den Pionieren bei der Besiedelung dieses Lebensraums. Gelegentlich erkennt man auch rötlich gefärbte, meist eher flächige Bereiche. Mineralhaltige hydrothermale Wässer haben das Gestein durchströmt und dabei Eisen in Form von Hämatit ausgeschieden.

Die den Vulkaniten aufsitzenden Riffkalke sind in einem alten Steinbruch (**17**) keine 200 m Luftlinie von dem Straßenanschnitt entfernt aufgeschlossen. Den etwas versteckt liegenden Bruch erreicht man vom Ortsausgang Richtung Elbingerode aus. Anders als beispielsweise in den Steinbrüchen am Garkenholz (**3**, **4**) kann man in den Kalken hier vage eine grobe Schichtung erkennen. Abgesehen von den Lagunenkalken des zentralen Riffbereichs sind geschichtete Riffkalke nur aus dem basalen Bereich des Riffkomplexes bekannt. Die Schichtung geht in der Regel auf Einschaltungen sehr dünner Tufflagen zurück. Sie fällt mit 20 – 25° nach Südosten ein, was zu unserer Position an der Südostflanke des Königshütter Sattels passt.

In der Steinbruchwand der oberen Abbauebene werden die Kalkbänke von einem etwa 25 cm mächtigen Trum eines roteisenreichen Kalks durchschlagen. Von dem mit 65° etwa nach Norden einfallenden Trum zweigen weitere Trümer geringerer Mächtigkeit ab. Das mächtige Trum wiederum ist von einem dichten Netz aus feinen Kalkspattrümern durchsetzt. Wie der

Rübeländer Marmor am Krockstein (**6**), belegt auch dieser eindrucksvolle Aufschluss, dass sich die hydrothermalen Vorgänge nach dem Aussetzen der vulkanischen Eruptionstätigkeit fortsetzten.

Trum eines roteisenreichen Kalks im Steinbruch am Südwesthang des Bockbergs bei Königshütte; Inset: Nahansicht des Gangquerschnitts.

Die weitere Wanderung führt nun ein kurzes Stück die Straße entlang Richtung Tanne. Kurz vor der Brücke über die Kalte Bode biegen wir in die Straße „Am Klingenberg" ein und folgen dem Fluss auf seiner Nordseite abwärts. Etwa 450 m nach den Kalksteinklippen beim Gasthaus „Am Felsen" – einem kleinen, allseitig störungsbedingt von Kulm-Tonschiefern der Königshütter Mulde umgebenen Vorkommen – gelangen wir dann unweit nordöstlich einer weiteren Brücke über die Kalte Bode zu einem kleinen Steinbruch (**18**), in dem unterkarbonische Kulm-Grauwacken und Grauwackenschiefer anstehen. Während die Tonschiefer noch eine weitgehend kontinuierliche und ungestörte Ablagerung feinkörnigen terrigenen Materials darstellen, repräsentieren die hier am Südwesthang des Katzenbergs anstehenden, mittel- bis grobkörnigen Grauwacken intensive Massenumlagerungen am Meeresboden. Die besonderen Transport- und Ablagerungsbedingungen haben zur Ausbildung ausgesprochen vielfältiger Gefügemerkmale in den Gesteinen geführt, die man hier in vorzüglicher Weise beobachten kann. Allerdings muss man ein wenig herumklettern, was durchaus möglich ist, aber Trittsicherheit voraussetzt.

Steinbruch in Grauwacken am Katzenberg

Zur Bildung der Grauwacken s. Kasten Seite 62

Die Matrix der Grauwacken ist mit bis zu 5 mm großen kantengerundeten Quarzkörnern und kaolinisierten Feldspäten durchsetzt, die dem Gestein teilweise ein konglomeratisches Aussehen verleihen. Auffällig sind auch die lagenweise auftretenden dunklen, bis 2 cm großen Ton- und Kieselschiefergeröl-

Kaolin: ein Tonmineral; Bestandteil von Porzellanerde

Konglomerat: durch ein Bindemittel verfestigte rundliche Gesteinsbruchstücke

Sedimentstrukturen und Gefügemerkmale der Grauwacken im Steinbruch am Katzenberg in Königshütte: Belastungsmarken (a), kantengerundete Quarzkörner, kaolinisierte Feldspäte, Ton- und Kieselschiefergerölle in feinkörnigerer Matrix (b), Strömungsmarken (c) und spätdiagenetisch brekziierte Grauwacke (d).

Diagenese: Verfestigung von Lockersedimenten

Brekzie: durch ein Bindemittel verfestigte eckige Gesteinsbruchstücke

le. Eine gradierte Schichtung ist ebenfalls charakteristisch für diesen Sedimenttyp. Weiterhin kann man in einigen der sandigen Partien Schräg-, Flaser- und Linsenschichtung beobachten. An den Unterseiten einiger Grauwackenbänke sind Strömungs- und Belastungsmarken zu erkennen.

Ein gut 1 km langer Abstecher führt von der Brücke die Bodestraße entlang flussabwärts zum westlichen Ende der Überleitungssperre. Zwischen dem Beginn des betonierten Wegs an ihrem Nordufer bis zur Einmündung des Papenbachtals ge-

Blick über den westlichen Bereich der Überleitungssperre bei niedrigem Wasserstand.

währt eine Aufschlusskette (**19**) Einblicke in eine Rutschmassenserie aus der Zeit der fortgeschrittenen Einengung des Meeresbereichs zwischen dem im Südosten sich heraushebenden Gebirge und der nordwestlich gelegenen Küste des Old Red-Kontinents. Die hier bis zu 500 m mächtige Gesteinsserie wird dem Hüttenrode-Olisthostrom zugeordnet. Stratigraphisch überlagert sie die Grauwacken, die wir gerade am Katzenberg (**18**) kennengelernt haben. Als jüngste Ablagerung vor der Heraushebung über den Meeresspiegel hatte sie den Elbingeröder Riffkörper einst vollständig überdeckt. Heute treffen wir sie in seiner gesamten Umrahmung an, allerdings nirgendwo so instruktiv wie hier.

Exkurs entlang der Überleitungssperre

stratigraphisch: die zeitliche Folge von Gesteinsschichten betreffend

Quarzit: Sandstein, dessen Poren sekundär mit Quarz ausgefüllt wurden

Die Gesteinsserie besteht aus einer Matrix aus unebenschichtigen, ruscheligen Tonschiefern, in die Gesteinsblöcke und -schollen unterschiedlicher Art, Größe und Herkunft als Olistholithe eingelagert sind. Die Blankenburger Zone außerhalb des Elbingeröder Komplexes wird als Herkunftsgebiet für die Kalkgrauwacken, Buntschiefer, Diabase und Quarzite angenommen, während die Keratophyre, Kalke und Kieselschiefer sicherlich dem Elbingeröder Komplex entstammen. Die Aufschlusskette beginnt gleich nach dem Info-Schild mit einem großen Olistholithen einer Kalkgrauwacke aus dem oberen Unterdevon. Im weiteren Wegverlauf kann man an zahlreichen Stellen verschiedenartige, bis zu mehrere Dezimeter große Olistholithe entdecken, die gut sichtbar von der Tonschiefermatrix „umflossen" werden. Sehr oft sind sie durch Schieferungsvorgänge zu linsenförmigen Körpern gestreckt worden. Besonders eindrucksvoll sind diese Streckungserscheinungen an der Klippe in der Wegbiegung kurz nach einer Sitzbank zu beobachten. Hier sind den Tonschiefern mehrere quarzitische Bänke zwischengeschaltet. Im Unterschied zu Tonsteinen reagier-

Von der Tonschiefermatrix „umflossene" boudinierte quarzitische Gesteinsbänke (Olistholithe) am Weg nördlich der Überleitungssperre.

Anschnitt eines Mittelharzer Gangs (Granitporphyr) am Weg nördlich der Überleitungssperre; Inset: Nahansicht des kristallinen Gefüges (Bildbreite: 4 cm).

ten diese harten und spröden Gesteinsbänke bei tektonischer Beanspruchung mit Ausdünnung und Streckung bis hin zu einer Fragmentierung in eine Kette aus einzelnen, linsenförmigen Körpern, ein Vorgang, der als Boudinage bezeichnet wird.

Etwa 130 m vom Beginn der Aufschlusskette entfernt treffen wir auf den etwa 70 m langen, großenteils allerdings stark überrollten Anschnitt eines Mittelharzer Gangs, der im Unterrotliegenden die olisthostromalen Ablagerungen durchschlagen hat. An frischen Bruchflächen dieses Granitporphyrs erkennt man das kristalline Gefüge, das dem von Graniten sehr ähnelt. In der grauen Grundmasse sind Quarz, heller Feldspat und der dunkle Glimmer Biotit zu erkennen.

porphyrisches Gefüge: größere Einsprenglinge in dichter oder feinkörniger Grundmasse

Bankige bis linsenförmige Quarzite als Olistholithe in schiefriger Gesteinsmatrix an der Einmündung des Papenbachtals.

Im weiteren Wegverlauf entlang der Überleitungssperre sind die Böschungen großenteils verwachsen. Einen guten Einblick in die olisthostromalen Bildungen bietet uns nochmals ein Felsanschnitt an der Ostseite der Einmündung des Papenbachtals. Als Olistholithe springen vor allem die mächtigen, bankigen bis linsenförmigen hellen Quarzite ins Auge. Unweit östlich der Taleinmündung unterbricht ein längerer Anschnitt in recht grobkörnigen Diabasen die olisthostromalen Ablagerungen, die sich nach Osten bis über die Staumauer hinaus erstrecken.

Die Mittelharzer Eruptivgesteinsgänge

Nachdem die kompressiven Kräfte im Zuge der Variszischen Gebirgsbildung im Oberkarbon ihren Abschluss gefunden hatten, kam es im Unterrotliegenden infolge von Dehnungs- und Druckentlastungsvorgängen zu Schmelzbildungen im oberen Erdmantel und in der tieferen Kruste. Die vorwiegend W – E- bis NE – SW-gerichtete Dehnung hat tief reichende Bruch- und Kluftsysteme entstehen lassen, die Teilschmelzen spaltenartige Aufstiegswege boten. Teilweise fanden diese ihren Weg bis an die Erdoberfläche und sorgten hier für einen intensiven Vulkanismus. Zeitlich fällt dieser annähernd mit der Intrusion der Brocken- und Ramberggranite vor etwa 295 Mio. Jahren zusammen.

Die Gänge durchziehen, beginnend am Harzrand südlich von Wernigerode, in einem etwa 6 – 8 km breiten Streifen schwarmartig den Mittelharz in NNW – SSE-Richtung bis etwa auf die Höhe von Stolberg. Die Vulkanbauten selbst sind durch Erosion längst verschwunden. Was wir in Form der Mittelharzer Ganggesteine vorfinden, sind ihre Zufuhrkanäle. Sie durchschlagen die unterschiedlichsten Gesteine des Harzpaläozoikums und belegen damit ihr jüngeres Alter. Die steil bis saiger stehenden Gänge wurden später durch Störungen in gegeneinander versetzte Segmente zerteilt, dennoch lassen sie sich im geologischen Kartenbild über ihre gesamte Länge gut verfolgen.

Der Chemismus dieser Gesteine ist sehr unterschiedlich. Mit abnehmendem Kieselsäuregehalt werden unterschieden: Granitporphyr (grauer Porphyr), Dioritporphyrit, Enstatitporphyrit (schwarzer Porphyr) und Gangmelaphyr. Ihre Randbereiche weichen bezüglich Zusammensetzung, Gefüge und Farbe aufgrund der schnelleren Abkühlung im Kontaktbereich zum Nebengestein und durch die Assimilation von Nebengesteinsmaterial i. d. R. deutlich vom Zentralbereich ab. Sie sind feinkörniger, z. T. auch massig ausgebildet. Nach der heutigen Klassifikation werden die meisten der Ganggesteine als Andesite eingestuft, die Granitporphyre je nach Kieselsäuregehalt als Dazite oder Rhyolithe.

Altersbestimmungen weisen auf eine Abfolge hin, die mit der Intrusion des Gangmelaphyrs begann und mit der des Granitporphyrs endete. Mehrheitlich geht man heute davon aus, dass die basischen Magmen ihren Ursprung im oberen Mantel hatten, auf ihrem Weg in höhere Stockwerke aber stoffliche Veränderungen erfuhren. Die tiefere Kruste wurde dabei so weit aufgeheizt, das es hier zur Bildung anatektischer Schmelzen kam, aus denen erst jetzt die Brocken- und Ramberggranite hervorgingen. Die Granitporphyre dagegen werden genetisch mit dem Ramberg-System in Verbindung gebracht. Während die Mächtigkeit der basischen Gänge selten 20 m überschreitet, liegt die der Granitporphyre oft zwischen 50 und 100 m. Im Gelände treten sie nicht selten als Härtlinge reliefbildend in Erscheinung.

saiger: senkrecht stehend; Ggs.: söhlig

Zurück in Königshütte, trifft man unterhalb der Ruine der Königsburg auf einen sehenswerten Parkplatz (**20**). Zur Ausgestaltung wurden hier zahlreiche große Kalksteinblöcke aus dem großen Tagebau südlich von Elbingerode (**13**) aufgestellt. Das Besondere an diesen Blöcken sind ihre grobspätigen, idealtypisch als Spaltrhomboeder kristallisierten Calcitminerale, die den Kalkstein großflächig durchsetzen. Die gelegentliche bräunliche Färbung ist auf Eisen zurückzuführen, das das Calcium im Kristallgitter teilweise ersetzt. Für die Kalksteinindust-

Durch das Tal der Warmen Bode nach Tanne

Kalksteinblock mit grobspätigen Calcitkristallen als einstige Spaltenfüllung am Parkplatz in Königshütte; Insets: Nahansichten der Calcit-Spaltrhomboeder.

rie sind derartig mit Calcitgängen durchsetzte Partien unbrauchbar und stellen Abraum dar.

Der weitere Weg führt entlang der Ostseite der Talniederung der Warmen Bode nach Süden. Die Warme Bode zwischen Königshütte und Tanne einschließlich ihrer Talaue und der Zuflüsse sind aufgrund ihrer Vielfalt an Lebensraumtypen Bestandteil des NSG „Harzer Bachtäler". In der Aue der Warmen Bode kann man oft Herden des Harzer Roten Höhenviehs beim Weiden beobachten. Es ist eine alte Rinderrasse, die im Harz einstmals weit verbreitet war, heute aber zu den vom Aussterben bedrohten Haustierrassen zählt.

Geologisch befinden wir uns zunächst im Grenzbereich zwischen den olisthostromalen Bildungen der Umrahmung des Elbingeröder Komplexes in Form ruschelig-flaseriger Tonschiefer im Norden und den südlich anschließenden Wissenbacher Schiefern der Blankenburger Zone mit ihren zwischengeschalteten Diabasen. Die dünnbankigen bis feinschichtigen Wissenbacher Schiefer treten bereits 300 m nach der Pegelmessstelle in einem größeren Weganschnitt (**21**) zutage. Die Fichtenstämme an der Abbruchkante zeigen hier vielfach einen ausgeprägten Säbelwuchs. Dieses Phänomen zeugt davon, dass der Hang zumindest zeitweilig in Bewegung geraten ist, wodurch

Wissenbacher Schiefer *s. Kasten Seite 42*

Weganschnitt in Wissenbacher Schiefern unweit südlich von Königshütte; die Fichten an der Böschungskante zeigen einen ausgeprägten Säbelwuchs.

Das Harzer Rote Höhenvieh

Das rotbraune Harzer Rote Höhenvieh ist eine alte bodenständige Rinderrasse, die sich durch ihre Anspruchslosigkeit und Widerstandsfähigkeit gegen Krankheiten bei gleichzeitig hoher Milchleistung, Vitalität und Lebenserwartung auszeichnet. Die Haltung dieser Rinder ist auch in extremen Lagen möglich, und selbst futterarme Winter können sie unbeschadet durchhungern. Ihre einst weite Verbreitung in der Harzregion hängt eng mit der Bergbauentwicklung ab dem 12. Jh. zusammen. Der Rohstoffreichtum lockte Bergleute und andere Berufsgruppen aus den verschiedensten Landesteilen Deutschlands und darüber hinaus an, insbesondere nach dem Erlass von Bergfreiheiten ab dem 16. Jh. Diese räumten den Bergleuten oft sehr weitreichende Rechte und Vergünstigungen ein, darunter das Recht, Vieh für die eigene Versorgung mit Fleisch und Milchprodukten zu halten (s. auch Kasten „Die Harzer Bergwiesen“ S. 68). Rotvieh war zu dieser Zeit in Deutschland weit verbreitet, und da die Zuwanderer vermutlich oft ihr eigenes Vieh mitbrachten, schufen sie damit die Grundlage der Harzer Rinderhaltung.

Im 16. Jh. entstanden v. a. im Unterharz auch Viehhöfe, auf denen das Harzer Rotvieh von den Bergbauern als Dreinutzungsrind eingesetzt wurde, denn außer zur Milch- und Fleischproduktion diente es auch als Zugtier beim Ackerbau und Einfahren der Heuernte. Ab dem 18. Jh. rückte mit zunehmender Marktorientierung die Milchproduktion auf den Viehhöfen mehr und mehr in den Mittelpunkt. Da die Milchleistung des Harzer Rotviehs aber nicht gesteigert werden konnte, wurde es zusehends durch Einkreuzen von Leistungsrassen verdrängt. Aber noch bis vor dem II. Weltkrieg prägte es die kleinbäuerliche Kulturlandschaft des Harzes. Die Mechanisierung und Intensivierung der Landwirtschaft führten in den 1950er Jahren zu einem weiteren Rückgang der Population. Und in den 1960er Jahren schließlich verlor die Rinderzucht und -haltung mit dem Einsetzen des Fremdenverkehrs im Harz und der damit einhergehenden Verbesserung der wirtschaftlichen Situation gänzlich an Bedeutung. Die Rinderrasse drohte auszusterben.

Seit den 1980er Jahren bemühen sich Landwirte und Tierzüchter erfolgreich um eine Rückzüchtung dieser robusten, geländegängigen und pflegeleichten Rasse, deren Einsatz als „Landschaftspfleger“ beim Offenhalten der Harzer Grünlandflächen sich zwischenzeitlich bewährt hat. Knapp 2000 Tiere umfasste die Population im Jahre 2003. Das Harzer Rote Höhenvieh gehört aber weiterhin zu den vom Aussterben bedrohten Haustierrassen. Zur Rassengruppe Rotes Höhenvieh gehören heute noch das Vogtländer, Westfälische und Vogelsberger Rotvieh. Mehr über diese alte Haustierrasse erfährt man bei einer Führung auf dem Schaubauernhof des Zuchtbetriebs des Brockenbauers Thielecke im Schierker Weg in Tanne.

Harzer Rotes Höhenvieh an der Einmündung des Heiligentals in das Tal der Warmen Bode.

Blick über die von Mäandern der Warmen Bode durchzogene Talniederung auf die Hohneklippen.

sich die Stämme hangabwärts neigten, während der weitere Aufwuchs stets senkrecht nach oben erfolgte.

An der nächsten Weggabelung dem Harzer Hexen-Stieg wenige Meter folgend, zweigt ein Waldweg nach rechts ab, der nach kurzer Zeit in einen Pfad übergeht und etwas oberhalb der Talaue der Warmen Bode entlangführt. Eine etwas versteckt hinter Bäumen liegende Klippe aus Grauwacken zeigt uns, dass wir soeben die Blankenburger Zone verlassen und die Tanner Zone erreicht haben. Die Tanner Zone ist mit nur etwa 2 – 5 km Breite sehr schmal. Sowohl gegen die Blankenburger Zone im Norden als auch gegen die Harzgeröder Zone im Süden ist sie durch Auf- bzw. Überschiebungen mit Versatzweiten von bis zu 4 km tektonisch abgegrenzt. Trotz ihres eigentümlichen Verlaufs streichen ihre Gesteinsschichten generell in NE – SW-Richtung.

Zur regionalgeologischen Gliederung des Harzes s. Grafik Seite 12

Gegenüber den meisten anderen regionalgeologischen Einheiten ist das in der Tanner Zone anzutreffende Gesteinsspektrum geradezu einförmig. Es setzt sich fast ausschließlich aus Tonschiefern, Grauwackenschiefern, Grauwacken sowie Wechselfolgen zwischen diesen zusammen, die in unserem Exkursionsgebiet durchweg ein unterkarbonisches Alter besitzen. Als gesichert erscheint, dass die Tanne-Grauwacke älter als die am Harznordrand bei Wernigerode und Thale sowie die im Elbingeröder Komplex auftretenden Grauwacken ist.

Grauwacken und Grauwackenschiefer s. Kasten Seite 62

Grauwacken und Grauwackenschiefer werden unseren weiteren Weg von nun an, mit einer kurzen Unterbrechung, bis nach Tanne begleiten. Hin und wieder geben die Bäume den Blick frei auf die von Mäandern durchzogene Talaue. Anhand

Erosion und Aufschotterung ändern den Verlauf der Warmen Bode beständig.

der Staudenfluren, Röhrichte und Gehölze in der Nähe des Ufers ist der Flusslauf durch die Feuchtwiesen gut zu verfolgen. Er ist hier noch in sehr natürlicher Form erhalten. Die hohe Dynamik der Aue drückt sich am augenfälligsten in Uferabbrüchen an den Prallhängen sowie in Anlandungsflächen an den Gleithängen in Form von Kies- und Schotterbänken aus.

Etwa 700 m nach der Abzweigung vom Harzer Hexen-Stieg führt der Weg an Anschnitten in sehr massigen Grauwacken vorbei, in denen die Schichtung kaum zu erkennen ist. In einem hier unmittelbar unterhalb des Wegs gelegenen Hanganschnitt (**22**) stehen dagegen dünnbankig-plattige, vom Habitus her eher schiefrig ausgebildete Ton- und Siltsteine an. Dieser Wechsel zwischen massigen Grauwackenbänken und plattigen, siltig-tonigen Grauwackenschiefern ist sehr typisch für

Silt: ≈ Schluff; Partikel, deren Durchmesser zwischen denen von Tonen und Sanden liegen (2–63 µm)

Massive Grauwackenbänke am Weg oberhalb der Niederung der Warmen Bode.

die Gesteine der Tanner Zone, die an den Hängen verbreitet zu Klippen- und Hangschuttbildung neigen. Bereits unmittelbar nach diesem Aufschluss kann man in dem reichlich vorhandenen Schutt am Hang und in der Böschung sehr unterschiedliche Ausprägungen der Grauwacken feststellen. Das Spektrum reicht von verschiedenkörnigen bis zu konglomeratischen und brekziösen Sandsteinen, wobei unterschiedliche Verwitterungsgrade zu einer mehr oder weniger rötlichen Färbung geführt haben. Die bis wenige Millimeter großen, unterschiedlich gerundeten konglomeratischen und brekziösen Partikel bestehen großenteils aus Quarz, aber auch Bruchstücke anderer Gesteine sind zu erkennen.

Konglomeratische Grauwacke aus dem Hangschutt am Weg oberhalb der Niederung der Warmen Bode (Breite: 14 cm); Inset: Nahansicht.

Einmündung des Heiligentals

Bis zur Einmündung des Heiligentals wird der Weg von teilweise hohen Klippen mit entsprechend ausgedehnten Hangschuttbildungen (**23**) gesäumt. Vor Regen geschützte Felspartien sind

Grauwacken und Grauwackenschiefer

Grauwacken sind massige, harte und oft dickbankige Sandsteine mit charakteristischen Merkmalen, die Ausdruck ihrer besonderen Genese sind. Zu diesen zählen ein hoher Anteil an feinkörnigeren Komponenten sowie ein gewisser Anteil an Feldspäten und oft auch Glimmermineralen und meist kleinen eckigen Bruchstücken anderer Gesteine. Im Unterschied zu „normalen“, nahezu ausschließlich aus Quarzkörnern mit einem mehr oder weniger engen Korngrößenspektrum zusammengesetzten Sandsteinen sind Grauwacken schlecht sortierte und mit ihrem Gehalt an wenig verwitterungsresistenten Feldspäten und Glimmern unreife Sandsteine.
Genetisch handelt es sich um Ablagerungen aus Suspensions- bzw. Schlammströmen. Solche Turbidite entstehen, wenn unverfestigtes Sediment an submarinen Hängen großflächig ins Rutschen gerät, dabei aufgewirbelt und hangabwärts transportiert wird. Hohe Sedimentationsraten, Erdbeben oder Sturmereignisse können dazu führen, dass selbst an Hängen mit nur wenigen Grad Neigung die Scherfestigkeit des Sediments der Auflast nicht mehr standhält. Durch Turbidite können innerhalb kurzer Zeitspannen enorme Sedimentmassen über große Entfernungen in tiefere Beckenbereiche verlagert werden, was zu entsprechend mächtigen Sedimentpaketen im Ablagerungsraum führt. Während des Transports werden auch hangabwärts zur Ablagerung gekommene Sedimente mitgerissen. Zuweilen werden auch bereits verfestigte oder teilverfestigte Sedimente mit erfasst, wodurch sich die Einschlüsse von Fragmenten fremder Gesteine in den Grauwacken erklären lassen. In den Beckenbereichen muss die Auflast durch diese Sedimentmassen die Senkungstendenz zusätz-

vielfach mit leuchtend gelben Lepra-Schwefelflechten überzogen. An einer der Klippen lässt sich die Zyklizität der hier relativ flach nach Südosten einfallenden Abfolgen aus massigen Grauwackenbänken und plattigen, vergleichsweise geringmächtigen Grauwackenschiefern besonders eindrucksvoll beobachten. Eine Grauwackenbank kann das Ergebnis eines einzigen Trübestroms sein, während die Ton- und Siltsteine der „normalen“ Sedimentation zwischen den Grauwackenbänken sehr lange Zeiträume repräsentieren.

Zyklische Folge aus mächtigen massigen Grauwackenbänken und geringmächtigen Grauwackenschiefern nördlich der Einmündung des Heiligentals.

lich verstärkt haben, andernfalls ließen sich die z. T. mehrere Kilometer mächtigen Gesteinsabfolgen nicht erklären.

Da sich gröbere Partikel schneller absetzen als feine, beobachtet man in Grauwacken oft eine gradierte Schichtung, wobei die Korngröße nach oben abnimmt. Auch Schräg-, Flaser- und Linsenschichtung tritt zuweilen auf. Die Unterseite von Grauwackenbänken weist nicht selten sogenannte Sohlmarken in Form von Strömungsrippeln und Belastungsmarken auf (s. Fotos Seite 54). Letztere sind wulstförmige Ausbuchtungen, die sich infolge des ungleichmäßigen Drucks, den das turbiditische sandige Sediment auf die ebenfalls noch unverfestigten, feinkörnigeren und wasserreichen Ablagerungen seines Unterlagers ausübte, an der Grenzfläche bildeten.

In der Harzliteratur begegnet einem häufiger der Begriff **„Grauwackenschiefer“** zur Charakterisierung einiger der unterkarbonischen Sedimente der Blankenburger und v. a. der Tanner Zone. Der Terminus ist nicht eindeutig definiert und wird daher auch nicht ganz einheitlich verwendet. In diesem Buch bezeichnet er sehr feinkörnige, glimmerhaltige und dichte Grauwacken mit tonigem Bindemittel und schiefrigem Gefüge. Sie vermitteln in ihren Eigenschaften zwischen den gröberkörnigen massigen Grauwacken und den Tonschiefern, sind quarzreicher und härter als letztgenannte und zeigen an frischen Bruchflächen ein feinsandiges Aussehen.

Wechselfolgen aus Grauwacken, Grauwackenschiefern und Tonschiefern sind charakteristische Sedimente eines sich zunehmend einengenden Ablagerungsraums im Vorfeld einer Gebirgsbildungsfront. In diesem genetisch-paläogeographischen Kontext werden sie vielfach auch als „Flyschfolgen“ oder einfach „Flysch“ bezeichnet.

Furt durch die Warme Bode südwestlich der Einmündung des Heiligentals (Foto: M. Karrasch); Inset: „Bodeachate" genannte Schlackenreste aus dem Flussbett (größter Durchmesser: 2,5 cm).

Spuren der mittelalterlichen Kupferverhüttung

Etwa 1 km weiter gelangen wir an eine Furt (**24**). Während man hier seinen müden Füßen eine erfrischende Abkühlung gönnt, kann man gar nicht einmal selten die auch bei Mineraliensammlern begehrten Bodeachate im Bachbett entdecken. Diese graublauen bis türkisfarbenen, manchmal auch grünlichen, mm- bis wenige cm-großen Gerölle sind allerdings keine echten Achate, sie haben aufgrund ihrer Bänderung oder farblichen Muster aber eine gewisse Ähnlichkeit mit diesen. Tatsächlich handelt es sich um Schlacken der Eisen- und Kupfererzverhüttung, die beim Transport durch die Reibung mit anderen Partikeln im Bachbett zu kantengerundeten bis rundlichen Kieseln geschliffen wurden.

Schlacken sind Schmelzrückstände, die bei der Metallgewinnung anfallen und aus einem Gemisch unterschiedlicher Oxide bestehen. Während der Verhüttung trennen sich die metallische und nichtmetallische Schmelze. Dabei schwimmt letztere aufgrund ihrer geringeren Dichte oben und wird abgeschöpft. Zur Abkühlung wird diese dann mit Wasser übergossen, worauf die Schmelze zu einer mehr oder weniger porösen Schlacke erstarrt. Oft lässt sich die poröse Struktur bei den Bodeachaten erkennen. Ihre Farbe ist auf Restgehalte v. a. an Kupfer und/oder Eisen zurückzuführen. Bei den früheren Verhüttungstechniken waren diese oft nicht unbeträchtlich. In der Frühzeit der Erzverhüttung musste das Metall noch durch Schlagen von nichtmetallischen Rückständen getrennt werden, worauf die Bezeichnung „Schlacke" zurückgeht. Etwas irreführend ist, dass nicht jeder leuchtend grüne Kiesel ein Bodeachat ist. Oft sind es nur algenüberwachsene, ganz gewöhnliche Flusskiesel.

Unser nächstes Ziel ist die Quelle der Bodeachate, genauer gesagt, eine der Quellen. Sie liegt etwa 1,5 km weiter talaufwärts. Kurz hinter einer Brücke über die Warme Bode und einer weiteren Furt treffen wir auf das Gelände der ehemaligen Schlackenhalde (**25**) der bedeutendsten mittelalterlichen Kupferhütte im Einzugsgebiet der Bode. Letztere stand bereits zu Beginn des 14. Jh. in Produktion und wurde erst in der ersten Hälfte des 16. Jh. aufgegeben. Bis vor etwa 75 Jahren war die Halde noch vorhanden, ist dann aber zur Gewinnung von Baustoff für den Straßen- und Wegebau weitestgehend abgetragen worden. Sie war mit knapp 0,5 ha Fläche und 6 m Höhe eine der bis dahin größten erhaltenen Halden der Kupferverhüttung in dieser Region.

Auch wenn die Halde selbst heute nicht mehr vorhanden ist, stellt diese Lokalität insofern einen Extremstandort dar, als dass der Boden neben Schlackenresten Schwermetalle enthält, die durch Sickerwässer über die Zeit aus dem Haldenmaterial ausgetragen wurden. Die Toleranz von Pflanzen gegenüber Schwermetallen ist unterschiedlich ausgeprägt. Nur sehr wenige kommen mit Schwermetallgehalten zurecht, wie sie hier vorgefunden werden, weshalb sich an diesem Standort eine besondere Pflanzengemeinschaft etabliert hat, die man andernorts nicht findet. Es ist allerdings keineswegs so, dass die hier gedeihenden Pflanzen, u. a. Galmei-Frühlings-Miere (*Minuartia verna* ssp. *hercynica*), Hallers Schaumkresse (*Cardaminopsis halleri*), Wildes Stiefmütterchen (*Viola tricolor*) und Taubenkropf-Leimkraut (*Silene vulgaris*), auf hohe

Schwermetallrasen auf dem Standort einer ehemaligen Schlackenhalde nördlich des Kapitelsbergs an der Warmen Bode (Foto: M. Karrasch); Insets (von links nach rechts): Galmei-Frühlings-Miere („Kupferblümchen", Minuartia verna ssp. hercynica), Taubenkropf-Leimkraut (Silene vulgaris), Wildes Stiefmütterchen (Viola tricolor).

Blick vom Kapitelsberg über die Bergwiesen um die Orte Tanne und Sorge.

Schwermetallkonzentrationen im Boden angewiesen wären. Vielmehr finden sie hier durch den fehlenden Konkurrenzdruck um Licht und Nährstoffe durch andere Pflanzen ideale Wachstumsbedingungen vor. Die beste Zeit für einen Besuch der eingezäunten Flächen ist um den Juni herum. Mit Rücksicht auf die Vegetation und die Bemühungen der Naturschutzverbände, die sich für den Erhalt der Flächen einsetzen, sollten diese nicht betreten werden.

Exkurs auf den Kapitelsberg

Ein kurzes Stück weiter zweigt ein Weg zum Aussichtspunkt auf dem Kapitelsberg (**26**) ab. Trotz des nicht ganz unbeschwerlichen Aufstiegs kann man diesen Abstecher nur empfehlen. Der Ausblick reicht Richtung Südwesten über die von ausgedehnten Bergwiesen umgebenen Orte Tanne und Sorge hinweg, in nordwestliche Richtungen sind Wurmberg, Brocken und der Hohnekamm zu erkennen.

Zu den Harzer Bergwiesen s. Kasten Seite 68

Den Weg unterhalb des Kapitelsbergs entlang der Talaue weitergehend, gelangt man zu mehreren eindrucksvollen Klippen aus Grauwacken und Grauwackenschiefern (**27**). Gleich an der ersten, unmittelbar am Weg gelegenen Klippe kann man die Wechsellagerung aus massiven Grauwackenbänken und zwischengeschalteten Schieferlagen ganz aus der Nähe betrachten. Die Schichtenfolge fällt hier nur sehr flach nach Südosten ein. Was man vielleicht noch besser als hier an der Klippe etwas oberhalb des Wegs etwa 200 m südlich beobachten kann, ist das unterschiedliche Deformationsverhalten der Grauwackenbänke und der schiefrigen Zwischenlagen. Die harten und eher spröden Grauwacken reagierten auf die tektonische Einengung außer mit Faltung auch mit Bruch, während die feinschichtigen und weicheren Schiefer eher mit einer Art plastischer Fließbewegung den einwirkenden Kräften entgegenwirk-

ten. Das drückt sich hier sehr schön im Gefüge sowie in den lateral schwankenden Mächtigkeiten einzelner Lagen aus.

Wenig weiter erreichen wir bei einer Fußgängerbrücke über die Warme Bode den Ortseingang von Tanne. Auch innerhalb des Orts trifft man vielfach auf Straßen- und Weganschnitte in Grauwacken und Grauwackenschiefern. Dem beschaulichen Ort sieht man heute nicht mehr an, dass er über viele Jahrhunderte ein bedeutendes Zentrum der Eisenverhüttung und -verarbeitung gewesen ist. Als eine der ältesten urkundlich erwähnten Eisenhütten hat es eine solche hier bereits 1355 gegeben. 1860 wurde die Tanner Hütte zu einer Gießerei mit Walzwerk umgebaut, die mit kurzen Unterbrechungen noch bis 1964 in Betrieb war.

Flach lagernde Wechselfolge aus Grauwacken und Ton- bzw. Grauwackenschiefern an einer Klippe am Weg unterhalb des Kapitelsbergs; Inset: Nahansicht eines Ausschnitts der Wechselfolge.

Die Harzer Bergwiesen

Als Relikte einer alten Kulturlandschaft stellen die Bergwiesen anthropogen geschaffene Ökosysteme dar, die sich durch eine große Artenvielfalt auszeichnen und vielen seltenen Tieren und Pflanzen Lebensraum bieten. Vor der Besiedlung durch den Menschen waren im Harz nur die subalpinen Bergheiden der Brockenkuppe, die großen Blockhalden und die Hochmoorgebiete waldfrei. Das änderte sich insbesondere ab dem 16. Jh., als den Bergleuten u. a. das Recht eingeräumt wurde, Vieh für die Ernährung der eigenen Familien zu halten und dazu Weiden anzulegen sowie die Forsten als Waldweide (Hutung) zu nutzen (Bergfreiheit).

Mit Einsetzen der Schneeschmelze wurde das Vieh auf die Waldweiden getrieben, wo es bis spätestens Anfang November blieb. Die Wiesen wurden fast ausschließlich zur Heugewinnung genutzt, um ausreichend Futter für die langen Winter zu gewinnen. Diese Form der extensiven Landnutzung war noch bis in die 1950er Jahre verbreitet. Aufgrund der unterschiedlichen Standortgegebenheiten und Nutzungen haben sich kleinflächig artenreiche Wiesen entwickelt.

Später wurden Produktionsgenossenschaften gegründet, woraufhin viele kleine Höfe ihren Betrieb aufgeben mussten. Um die nun gehaltenen Hochleistungskühe ernähren zu können, wurde die Landwirtschaft durch Düngung und mehrmalige Mahd pro Jahr intensiviert. Infolge dieser Bewirtschaftung wurde die standortangepasste Bergwiesenflora zurückgedrängt. Nur die wenigen verbliebenen kleinen Höfe bewirtschafteten die Bergwiesen weiterhin auf traditionelle Weise. Ihnen verdanken wir, dass es die Bergwiesen heute überhaupt noch gibt. In unserem Exkursionsgebiet sind es neben dem Elbingeröder Komplex vor allem die Landschaften um Tanne, Benneckenstein und Hasselfelde, die von ausgedehnten Bergwiesen geprägt sind. Auch wenn sie heute für die landwirtschaftlich Produktion keine große Bedeutung mehr haben, so sind es nach wie vor Kulturlandschaften. Ohne eine regelmäßige Mahd würde sich über verschiedene Sukzessionsstadien schnell ein Wald entwickeln.

Wer den landschaftlichen Reiz der Bergwiesen genießen und dabei deren naturkundliche Besonderheiten erkunden möchte, dem sei eine Wanderung durch die Region südlich von Benneckenstein empfohlen. Beiderseits der nach Ilfeld führenden Straße führen mit Info-Tafeln versehene, teilweise als Rundwanderungen angelegte Wege durch die Bergwiesenlandschaft. Ein guter Ausgangspunkt ist der Parkplatz nahe des Gasthauses „Waldschlösschen“ (**28**) kurz südlich der Waldgrenze, wo ein Bergwiesen-Lehrpfad beginnt. Wer mehr über die Pflanzenwelt des Harzes und seines unmittelbaren Umlands erfahren möchte, dem sei ein vom Regionalverband Harz herausgegebener botanischer Wanderführer (REGIONALVERBAND HARZ E. V. 2010) empfohlen, der etliche der in diesem Buch vorgestellten Exkursionen berührt.

Bergwiesenlandschaft südlich von Benneckenstein.

Felsklamm und schroffe Klippen: Das westliche Rambergmassiv und seine Umrahmung

Die Wanderungen dieses Kapitels stehen ganz im Zeichen des vielgestaltigen Bodetals zwischen Thale und Treseburg. Der wild-romantische Charakter des teilweise schluchtartigen Tals mit seinen bizarren Felsformationen lockt alljährlich große Besucherströme an. Bereits vor seiner touristischen Erschließung zog es namhafte Persönlichkeiten wie Klopstock, Goethe, Humboldt, Hardenberg, Eichendorff und Fontane hierher. Geologisch stehen der Ramberggranit und die Kontaktmetamorphose seiner Hüllgesteine im Blickpunkt, aber auch die Beziehung der anstehenden Gesteine zu den vorherrschenden Landschaftsformen.

Kontaktmetamorphose *s. Seite 80*

Der Aufbau des Rambergplutons

Der Rambergpluton ist, wie der Brockenpluton und die Mittelharzer Eruptivgesteinsgänge, ein Resultat des postkinematischen Magmatismus. Brocken- und Ramberggranit sind etwa gleich alt, sie werden aber als voneinander unabhängige, eigenständige Magmatitsysteme angesehen. Im Vergleich zum Brockengranit ist der Ausstrichbereich des Ramberggranits eher klein. Der Rambergpluton bildet einen mächtigen stockförmigen Intrusionskörper mit einer flach nach Südwesten einfallenden Oberfläche, die größtenteils noch unter den Deckgesteinen verborgen liegt. Seine nördliche Kontaktfläche zu den sedimentären Hüllgesteinen fällt nahezu senkrecht ein. Geophysikalische Messungen deuten darauf hin, dass sich der Rambergpluton nach Süden über den Harz hinaus erstreckt. Sein Volumen ist ungleich größer als das des Brockens, und entsprechend ausgeprägter sind die kontaktmetamorphen Erscheinungen v. a. in seiner südlichen und westlichen Umrahmung. Die wird gebildet durch Gesteine der Blankenburger Zone, die ihn allseitig umgeben.

Pluton: in der Tiefe erstarrter Magmakörper

postkinematischer Magmatismus *s. Seite 17*

Zur regionalgeologischen Gliederung des Harzes *s. Grafik Seite 12*

Im Norden wird der Granitkörper von der nahezu harzrandparallelen Ramberg-Nordrandstörung gegen einen etwa 1 km breiten Streifen begrenzt, in dem neben Wissenbacher Schiefern westlich und östlich von Thale unterkarbonische Grauwacken (Thale-Randgrauwacke) und olisthostromale Bildungen anzutreffen sind. Das Auftreten dieser als Harznordrand-Kulm bezeichneten Sedimente wird genetisch mit der Heraushebung des Harzblocks an der Harznordrand-Störung in Zusammenhang gebracht, während der zwischen Harznordrand

Blick vom Hexentanzplatz das Bodetal aufwärts bis zum Brocken, auf den gegenüberliegenden Rosstrappenfelsen und an den Gasthäusern vorbei ins Harzvorland.

und Ramberg-Nordrandstörung schmale Bruchschollen staffelartig zurückblieben.

Die Harznordrand-Störung fungiert auch als Aufstiegsweg für mineralhaltige Wässer, die am Harzrand vielerorts als Solequellen an der Erdoberfläche austreten, u. a. auch in Thale auf der Hubertusinsel zwischen zwei Bodearmen am Eingang des Bodetals. Entlang dieser sogenannten Quellenlinie wurden, und werden teilweise heute noch, die Mineralwässer zu Kurzwecken genutzt.

Die Quellenlinie

Die Mineralisierung ist in erster Linie auf die Durchströmung der leicht löslichen Gesteine des Zechsteinsalinars zurückzuführen. Dementsprechend sind es Na-Ca-Cl-betonte Wässer, die man an der sogenannten Calcium-Radium-Quelle (**29**) im Tal des Röhrengrunds bei Stecklenberg und am Behringer-Brunnen (**30**) im Zentrum von Bad Suderode kosten kann. Motor für die Wasserzirkulation ist das hydraulische Druckgefälle zwischen den Hochgebieten des Harzes und den tiefer gelegenen Quellaustritten. Anormale Gehalte an radioaktiven Stoffen weisen keine der Quellen auf, dennoch fügte man Anfang des letzten Jahrhunderts dem Namen einer Quelle gerne das Wort „Radium“ hinzu, da zu dieser Zeit radioaktive Wässer als gesundheitsfördernd galten.

Der Behringer-Brunnen am Kurpark in Bad Suderode.

Durch das Bodetal von Thale nach Treseburg

Die in diesem Kapitel vorgestellte Wanderung führt durch das Bodetal von seinem Austritt aus dem Harzgebirge bei Thale bis nach Treseburg. Zuvor seien jedoch zwei Lokalitäten oberhalb von Thale, der Rosstrappenfelsen (**31**) westlich und die Region um den Hexentanzplatz (**32 – 34**) östlich des Talaustritts, wegen der ebenso atemberaubenden wie geologisch instruktiven

Der Hubertusbrunnen in Thale

Ende des 16. Jh. entdeckte man auf der Hubertusinsel – damals bestand diese aus zwei Inseln, der Großen und der Kleinen Salzstrominsel – eine Solequelle, aus der ab 1595 für kurze Zeit in einem Salzwerk Salz gewonnen wurde. Die Anlagen verfielen, und erst 200 Jahre später, als der Besucherstrom in das Bodetal stetig zunahm, besann man sich wieder dieser Quelle, deren natrium- und calciumreiches sowie radonhaltiges Wasser ab 1834 zu Heilzwecken eingesetzt wurde. Es wurden eine „Hubertusbad“ bzw. „Hubertusbrunnen“ genannte Heilanstalt gegründet sowie zahlreiche weitere Gebäude für den Fremdenverkehr errichtet. Die Besucherzahlen stiegen weiter, und das Bad mit seinem Kurpark entwickelte sich bald zu einem Treffpunkt der mondänen Gesellschaft. Auch Theodor Fontane weilte hier, der hier den Entwurf zu seinem Roman „Cécile“ schrieb.
Nach der Unterbrechung des Kurbetriebs während des I. Weltkriegs kam dieser nur sehr zögerlich wieder in Gang. Das Wasser wurde nun auch in Flaschen abgefüllt und das Salz in Pulver- und Tablettenform zum Verkauf angeboten. Nach dem II. Weltkrieg führten häufige Trägerwechsel, Missmanagement und Geldmangel für erforderliche Modernisierungen zum endgültigen Niedergang der Kureinrichtungen und der Salzgewinnung. Letztere wurde 1966 eingestellt, der Bäderbetrieb 1986. Von den alten Gebäuden des Bads ist heute keines mehr erhalten. Seit 2011 gibt es Bemühungen, Thale wieder als Kurzentrum zu etablieren und dazu auch das Solwasser zu nutzen.

Ausblicke sowohl talaufwärts als auch in das Harzvorland hinein vorgestellt. Wer es lieber etwas beschaulicher mag, meidet dafür aber besser Wochenenden und Feiertage. Zu den Attraktionen zählt die Fahrt mit dem Sessellift hinauf zur Rosstrappe bzw. mit der Kabinenbahn zum Hexentanzplatz. Wer sich mit derlei Transportmitteln nicht anfreunden kann, erreicht beide Lokalitäten auch mit dem Pkw.

Der Rosstrappenfelsen

Der legendäre „Hufabdruck" an der Spitze des Rosstrappenfelsens (Foto: M. Karrasch).

Die Gesteine auf dem Plateau der Rosstrappe bestehen aus erosionsbeständigem Granit, Schiefer- und v. a. Diabashornfels. Der etwa 750 m lange Weg vom dortigen Hotel und Gasthaus zur Spitze des Rosstrappenfelsens (**31**) verläuft im Bogen Richtung Süden. Angesichts des sehr unebenen Wegs sollte der Blick zunächst mehr nach unten als in die Ferne gerichtet werden. Dabei springen einem zuweilen die durch den Besucherstrom glatt geschliffenen dunkelgrauen Diabase mit ihren weißen Feldspateinsprenglingen ins Auge. Im Weg und z. T. in der Böschung erkennt man mehrfach einen Wechsel zwischen grobkörnigem Diabas, Granit und gelegentlich auch Schieferhornfels.

Hornfels *s. Seite 80*

Bergsturz an der Schurre *s. Seite 79*

Plagioklas: Calcium-Feldspat

Ab kurz vor der Abzweigung der Schurre stehen ausschließlich Granite an. Das Gestein ist ein in frischem Zustand weißer bis hellgrauer, manchmal auch etwas rötlicher oder gelblicher mittelkörniger Zweiglimmer-Syenogranit mit eher gleichkörnigem Gefüge, der auch als „normalkörniger Granit" bezeichnet wird. In der Bezeichnung kommt zum einen zum Ausdruck, dass er sowohl den hellen (Muskovit) als auch den dunklen Glimmer (Biotit) enthält, und zum anderen, dass unter den Feldspäten der Alkalifeldspat gegenüber den Plagioklasen deutlich überwiegt. Im Unterschied zum Brockenmassiv ist das Spektrum an Granitvarietäten im Rambergmassiv eher gering.

Neben dem dominierenden normalkörnigen Granit ist noch eine ebenfalls mittelkörnige, aber porphyrische Varietät mit größeren Einsprenglingsfeldspäten verbreitet. Dieser etwas jüngere porphyrische Granit durchschlägt den normalkörnigen als ca. 3 km breiter, N – S-verlaufender Streifen in einem Gebiet östlich des Hexentanzplatzes.

Quarzgang im Granit des Rosstrappenfelsens.

Von nun an bieten mehrere Aussichtspunkte weite Blicke in westliche Richtungen das schluchtartig eingeschnittene, mäandrierende Bodetal aufwärts. Im und am weiteren Weg über den Grat des Rosstrappenfelsens kann man bis zu 25 cm mächtige Quarzgänge entdecken, die lang aushaltend den Granit in NNW – SSE-Richtung durchziehen und mittelsteil nach Ostnordosten einfallen. Es sind hydrothermale Bildungen, die entsprechend orientierten Klüften aufsitzen.

hydrothermal: durch heiße, gas- und salzreiche wässrige Lösungen entstanden; s. auch Kasten Seite 88

Die Spitze des Rosstrappenfelsens (**31**) bietet mehrere dicht beieinanderliegende Aussichtspunkte, die zusammen einen fantastischen 360°-Blick ermöglichen. Auffällig ist die schnurgerade Linie, die der Horizont ab der Bergstation der Kabinenbahn auf dem Hexentanzplatz Richtung Süden in etwa 450 m ü. NN bildet. Hier bekommen wir eine gute Vorstellung davon, was gemeint ist, wenn von Hoch-, Rumpf- oder Verebnungsflächen zur Charakterisierung des übergeordneten Reliefs des Harzes die Rede ist.

Zu den Hochflächen des Harzes s. Kasten Seite 25

Man mag sich fragen, wie es die Bode geschafft hat, in den harten Gesteinen Mäander zu bilden, wo diese doch eigentlich Bildungen eines mit mäßiger Geschwindigkeit über weniger widerstandsfähigen Untergrund fließenden Gewässers sind. Dazu muss man sich vergegenwärtigen, dass der Harz trotz der enormen Hebungsbeträge an der Harznordrand-Störung bis weit in das Jungtertiär hinein sein Umland nur wenig überragte. Die Landschaft des damaligen Harzes war eher flachwellig und wurde von Flüssen entwässert, die angesichts der geringen Reliefenergie eher ruhig fließend die Täler formten. Während dieser Zeit bildeten sich die Mäander, und als sich der Harz etwa ab

Blick vom Rosstrappenfelsen das mäandrierende Bodetal aufwärts; gut ist im Mittelgrund der rechten Bildhälfte die Grenze zwischen Granit und überlagerndem Hornfels auszumachen.

dem Pliozän vor 5 Mio. Jahren dann auch morphologisch stärker herauszuheben begann, pauste sich der zuvor angelegte Verlauf in den Untergrund durch. Die Tiefenerosion der Bode hatte mit der Hebung stets Schritt halten können.

Während man darauf wartet, dass die Menschentrauben um den legendären „Hufabdruck" herum den Blick auf ebendiesen freigeben, kann man bei der Betrachtung des Reliefs und der Farbe der Gesteine bodeaufwärts, vor allem an der von

Die Winzenburg und die Sage von der Rosstrappe

Der Rosstrappenfelsen liegt innerhalb des 24 ha großen Areals der ehemaligen Winzenburg. Sie wurde von den Germanen angelegt und gilt als eine der größten Burganlagen jener Zeit. Teile des Geländes dienten als Kultstätte. Mehrheitlich wird angenommen, dass die legendäre hufförmige Eintiefung mit den drei Löchern für die Ausübung kultischer Handlungen unbekannter Art in den Granit gehauen wurde.
Eine Sage aus dem Reich der Riesen macht dagegen den verzweifelten Sprung einer Königstochter vom Hexentanzplatz über das Bodetal hinweg auf der Flucht vor dem bösen Ritter Bodo verantwortlich. Beim Aufprall ihres Pferdes hinterließ es den noch heute sichtbaren Abdruck. Dem Ritter dagegen misslang der Sprung. Er bewacht seither, in einen Hund verwandelt, die Krone der Prinzessin, die diese bei ihrem Sprung verloren hatte und die nun in der Bode liegen soll. Nach dem Namen des Ritters soll der Fluss benannt worden sein.
Die Burganlage wurde noch bis ins späte Mittelalter hinein genutzt, zuletzt von den Grafen von Regenstein. Reste mächtiger Wallanlagen nördlich von hier, die die ansonsten durch die steilen Hänge geschützte Burg nach Westen sicherten, sind noch heute im Gelände zu erkennen und durch einen Rundweg erschlossen.

hier aus rechten Talflanke, interessante Feststellungen bezüglich der Lagerungsverhältnisse machen. Mit einem markanten Reliefknick geht ein deutlicher Farbwechsel einher. Beides ist auf einen Gesteinswechsel zurückzuführen. Unten bilden die hellen Granite steile Wände, während die ihn überlagernden dunkleren, graubraun angewitterten Schieferhornfelse etwas flachere Hänge bilden. Die Grenzfläche fällt mit etwa 25° nach Westen ein.

Hornfels
s. Seite 80

Das Plateau des Hexentanzplatzes

Bronzeplastik einer Hexe auf dem Hexentanzplatz nahe des Parkplatzes.

Auf dem Hexentanzplatz versammeln sich einem alten Volksglauben nach in der Walpurgisnacht, der Nacht zum ersten Mai, alle Hexen und Zauberer der Welt, um nach Mitternacht gemeinsam auf Ofengabeln, Besen, Mistforken und gehörnten Ziegenböcken zum Blocksberg, dem Brocken, zu fliegen und sich dort mit dem Teufel zu vermählen, der, nachdem alle versammelt sind, von der Teufelskanzel aus Verschmähungen gegen Gott und die Engel richtet. Auf dem Hexenaltar wird dann das Mahl für die Gesellschaft zubereitet, die bis zur Erschöpfung um ein loderndes Feuer herum tobt und sich im Morgengrauen wieder in alle Richtungen zerstäubt. Heute ist der Hexentanzplatz in der Walpurgisnacht Schauplatz eines organisierten Massenspektakels mit Zehntausenden von Teilnehmern.

Über das verzweigte Wegenetz mag jeder das weitläufige und reliefarme Granitplateau nach seinen eigenen Vorstellungen erkunden. Neben zahlreichen Aussichtspunkten gibt es vieles andere zu entdecken, wie die Walpurgishalle mit dem germanischen Opferstein und Gemälden von Hermann Hendrich zu Szenen der Walpurgisnacht aus Goethes Faust, den Sachsenwall und das Bergtheater im Umfeld der Bergstation oder die Plastiken von Teufel, Hexe und Humunkulus auf kreisförmig angeordneten Granitblöcken und den Tierpark nahe des Parkplatzes und der gastronomischen Einrichtungen.

Von den Aussichtspunken bei und nördlich der Bergstation der Kabinenbahn, ganz besonders von der Homburgwarte (**32**) aus, bieten sich wunderbare Blicke über die dem Harz unmittelbar vorgelagerte Schichtrippenlandschaft hinaus bis weit

Schichtrippenlandschaft
s. Seite 4

Blick von der Homburgwarte Richtung Nordwesten über die Schichtrippenlandschaft zwischen Thale und Blankenburg.

ins Vorland hinein. Sehr schön lassen sich aus dieser Perspektive die aneinandergereihten, langgestreckten und vielfach bewaldeten Höhenzüge mit den sie trennenden Senken, die den Ausstrich weicherer Gesteine markieren, erkennen.

Von den Aussichtspunkten bei den gastronomischen Betrieben nahe des Parkplatzes kann man fantastische Blicke in die tief in den Granit eingeschnittene Bodeklamm im Hirschgrund mit dem Gasthaus „Königsruhe“ (**35**) genießen. Sogar die Bode selbst ist von hier aus zu erkennen. Am Fuß der Klippen oberhalb des Gasthauses hat sich der Erosionsschutt zu einer ausgedehnten Halde angesammelt. Weiter oberhalb markiert ein Farbwechsel den Übergang von den hellen Graniten zu den überlagernden Schieferhornfelsen.

Wanderung durch die Bodeklamm s. Seite 78

Über den Langen Hals zur Prinzensicht

Sehr empfehlenswert ist eine Wanderung Richtung Südwesten am sehenswerten Tierpark vorbei über den von der Bode umflossenen Bergsporn des Langen Hals. Dabei umrundet man den gegenüberliegenden Rosstrappenfelsen halbkreisförmig, entsprechend unterschiedliche Ausblicke bieten sich dann auch. Der Rosstrappenfelsen ist von fast allen Aussichtspunkten aus zu sehen und kann daher gut als Orientierungspunkt verwendet werden. An der Westseite des Tierparks zweigt ein Weg nach rechts zum Aussichtspunkt an der La Viershöhe (**33**) ab. Dort angekommen, zeigt sich uns auf der gegenüberliegenden Talseite der flach nach Westen einfallende Granitkontakt geradezu lehrbuchhaft. Vereinzelte Lesesteine aus Hornfels am Weg verraten die Nähe der Grenze des Granitausstrichs. Tatsächlich finden wir Hornfels in einem kleinen Aufschluss anstehend gleich oben am Richtung Hirschgrund abwärts führenden Pfad vor.

Wegstrecke von den gastronomischen Betrieben zum Aussichtspunkt Prinzensicht und zurück: ca. 4,8 km

Vom Aussichtspunkt Prinzensicht aus ist auf der gegenüberliegenden Talseite die zum Grat des Rosstrappenfelsens ansteigende Grenze zwischen Granit und Hornfels bestens zu erkennen.

Zurück auf dem Weg am Tierpark, bietet es sich an, noch zwei weitere Aussichtspunkte einen knappen Kilometer Luftlinie nordwestlich von hier anzusteuern. Vom Aussichtspunkt Bodetalblick (**34**) lässt sich sehr schön der Verlauf der mäandrierenden Bode durch das Harzgebirge verfolgen, deren Tal sich flussaufwärts allmählich verbreitert. Der Gesteinsschutt aus Schieferhornfels direkt unterhalb des Aussichtspunkts zeigt, dass wir uns mittlerweile nicht mehr im Granitgebiet befinden. Dessen Grenze haben wir bereits im Bereich der Südwestecke des Tierparks überschritten.

Am Aussichtspunkt Prinzensicht, nur etwa 200 m weiter, fällt der Hang beinahe senkrecht ab. Kontaktmetamorph fast unveränderte Wissenbacher Schiefer streichen hier im Weg aus. Auf der gegenüberliegenden Talseite ist die Grenzlinie zwischen dem Granit und Hornfels nochmals vorzüglich zu erkennen. Richtung Osten geht der Blick über den Rosstrappenfelsen zur dahinter liegenden Bergstation der Kabinenbahn. Dorthin müssen wir nun zurück.

Wissenbacher Schiefer *s. Kasten Seite 42*

Bodeaufwärts von Thale nach Treseburg

Das Bodetal zwischen Thale und Treseburg ist bereits seit 1937 als Naturschutzgebiet ausgewiesen. Die Vielfalt an Standortbedingungen, bestimmt v. a. durch Hangneigung, Wassernähe, anstehendes Gestein, Exposition, Licht und Kleinklima, bietet der belebten Natur ein Fülle von Habitaten, die ihresgleichen sucht. Zahlreiche Info-Tafeln weisen auf die naturkundlichen Besonderheiten hin. Der Weg ist auch ein geologischer Wander-

Wegstrecke von der Talstation der Kabinenbahn in Thale bis zum Parkplatz am Kreisverkehr in Treseburg: ca. 8,6 km

Kabinenbahn zum Hexentanzplatz nahe der Talstation (Foto: M. Karrasch).

weg, allerdings sind die einzelnen Stationen vor Ort lediglich durch mit Nummern versehene Holzpflöcke gekennzeichnet. Informationen und Erläuterungen nicht nur zu den Stationen bietet ein von der Stadt Thale herausgegebener „Führer durch das Bodetal", der in der Tourist-Information gegenüber dem Bahnhof erhältlich ist. Der Autor kann nur empfehlen, sich vor der Wanderung diese Broschüre zuzulegen.

Durch den Hirschgrund

Beginnend an der Talstation der Kabinenbahn zum Hexentanzplatz, führt unser Weg zunächst in den Hirschgrund mit dem Gasthaus „Königsruhe" (**35**). Das Bett der turbulent fließenden Bode ist gefüllt mit teilweise sehr großen, durch die Arbeit des Wassers gerundeten Granitblöcken. Bereits nach wenigen hundert Metern verschmälert sich das trichterförmige Tal merklich, dessen Flanken mit schroffen Felsformationen aus Granitgestein zunehmend steiler werden. Bis zum Gasthaus verengt sich das Tal zu einer Klamm mit nahezu senkrechten Felswänden. An den steilen Felswänden ist stets mit Steinschlägen zu rechnen. Trotz aller vorsorgenden Maßnahmen seitens der Bergwacht können sich immer mal wieder einzelne Gesteinsbrocken aus dem Fels lösen.

Wollsackverwitterung s. Kasten Seite 99

Die Bode hat sich tief in den Granit eingeschnitten, der hier auf der gegenüberliegenden Seite schön ausgebildete Wollsackverwitterung zeigt. Die Bodeklamm ist einzigartig im Harz, und sie rühmt sich gerne damit, die bedeutendste und nördlichste Klamm diesseits der Alpen zu sein. Die Klammbildung ist das Resultat einer raschen Tiefenerosion durch die Bode, die mit der Heraushebung des Harzes weitgehend Schritt halten konnte. Die intensivste Ausformung dürfte das Bodetal aber während der Eiszeiten erfahren haben. Durch Frostsprengung fielen große Mengen an Gesteinsschutt an, die in Zeiten der Schneeschmelze von den Wassermassen ausgeräumt und vor der Taleinmündung als Schuttfächer abgelagert wurden.

Zur Harzregion während der Eiszeiten s. Kasten Seite 95

Zum Bodestauwerk s. Kasten Seite 6

Heute ist die Bode ein Gewässer, welches während der meisten Zeit des Jahres keinen bedrohlichen Eindruck macht. Der Eindruck täuscht, auch wenn der Abfluss seit dem Bau des Bodestauwerks in den 1950er und 1960er Jahren reguliert wird. Auch heute noch lassen die Schneeschmelze und extreme Niederschlagsereignisse das Wasser nicht nur der Bode stark ansteigen und über die Ufer treten. Vor dem Bau des Bodestauwerks kam es immer wieder zu verheerenden Hochwässern. An einem

Gebäude neben dem Gasthaus kennzeichnet eine Markierung den Wasserstand während des Silvesterhochwassers von 1925, welches das Gasthaus und die Jungfernbrücke zerstörte.

Der weitere Weg durch die Klamm führt stellenweise über Hangbrücken. Hier wird einem bewusst, dass eine Durchquerung des Bodetals vor seiner Erschließung durch Wege spätestens am Beginn des Hirschgrunds enden musste. Tatsächlich war das Bodetal in diesem Abschnitt bis Anfang des 19. Jh. unpassierbar. Die Einzigen, die sich durch die Bode watend tiefer in die Klamm wagten, waren die Holzflößer, die die gefällten Baumstämme flussabwärts flößten. Das war eine ausgesprochen gefährliche Arbeit, ohne die sich aber die Stämme in der engen Schlucht verkeilt und gestaut hätten. Das Holz wurde für die Öfen der Thaler Hütten benötigt. Erst als zu Beginn des 19. Jh. der Fremdenverkehr zunahm und auch der Kur- und Bäderbetrieb in Thale einen Aufschwung erlebte, wurde unter der Leitung des Oberforstmeisters Christian von Bülow der Wanderweg durch das Bodetal angelegt.

Nach dem Passieren der zweiten Hangbrücke, der Hexenbrücke, gelangt man zu dem Bereich, in dem sich im Mai 2011 ein großer Bergsturz (**36**) ereignete, der den Weg durch das Bodetal unpassierbar machte. Vor dem Bergsturz zweigte hier ein als Schurre bezeichneter Pfad ab, der in steilen Serpentinen durch eine ausgedehnte Gesteinsschutthalde aus Granit-, Hornfels- und Diabasblöcken zur Rosstrappe führte. Das Ge-

Granit mit Wollsackverwitterung bei der Jungfernbrücke im Hirschgrund (Foto: M. Karrasch).

Erosionserscheinungen in der Klamm am Bodekessel oberhalb der Teufelsbrücke.

periglazial: das Umfeld von Gletschern betreffend

röllfeld, das seine Entstehung vor allem der Verwitterung der oberhalb anstehenden Gesteine unter periglazialen Bedingungen verdankt, war auch zuvor nach Starkregen regelmäßig in Bewegung, sodass der Weg ständig gewartet werden musste.

Zwischen der Teufelsbrücke und der unweit aufwärts gelegenen Stromschnelle am Bodekessel (**37**) ist die Klamm besonders eng und steilwandig. Viele Meter tief hat sich der Fluss in den Granit hineingefräßt. In den glatt geschliffenen Wänden lassen sich vielfach Erosionserscheinungen in Form von Schliffkehlen und Strudeltöpfen, durch Strömungswirbel verursachte Auskolkungen, erkennen, die die Intensität der Tiefenerosion bezeugen. Beim Bodekessel hat es früher einen Wasserfall gegeben. Mit etwa 2 m war er nicht wirklich hoch, stellte die Holzflößer aber regelmäßig vor große Probleme. 1798 hat man ihn daher gesprengt.

Der Granitkontakt zum Hüllgestein

Beim weiteren Anstieg oberhalb des Bodekessels führt der Weg an einem mit eckigem Gesteinsschutt bedeckten Hang vorbei. Bei genauerem Betrachten stellen wir fest, dass es sich nicht um Granit, sondern um Hornfels handelt, einem kontaktmetamorphen Gestein, das aus sehr unterschiedlichen Ausgangsgesteinen hervorgegangen sein kann. In diesem Fall waren es Wissenbacher Schiefer, deren Schicht- und Schieferungsgefüge infolge der thermischen Beeinflussung bei der Platznahme des Rambergplutons vollständig ausgelöscht wurde. Es ist nunmehr ein dunkelgraues, sehr hartes, massiges, sprödes und splittrig bis muschelig brechendes Gestein. Es ist sehr verwitterungsbeständig und neigt zu Klippenbildung. Die

Wissenbacher Schiefer *s. Kasten Seite 42*

Kontaktmetamorphose führte zu stofflichen Veränderungen einhergehend mit Mineralumwandlungen und -neubildungen. Zu letzteren zählen vor allem Feldspäte und Glimmer. Einzelne Minerale sind aber bei tonigen Ausgangsgesteinen in der Regel makroskopisch nicht zu erkennen. Die Intensität kontaktmetamorpher Veränderungen hängt von der Lage innerhalb des Kontakthofs ab, der den Plutonkörper umgibt. Hornfelse sind Bildungen des inneren, Pluton-nahen Kontakthofs.

Kontakthof: Kontaktaureole; durch Hitzeeinwirkung (Kontaktmetamorphose) beeinflusster Gesteinsbereich um einen Magmakörper

Das Auftreten der Hornfelse weist auf die Nähe der Grenze zwischen dem Granit und seinem Hüllgestein hin. Am Ende des Anstiegs, nur wenige Schritte vom oberen Ende einer Treppe entfernt, gelangen wir zu einem Weganschnitt (**38**), der den Granitkontakt zum Hornfels in ganz vorzüglicher Weise aufschließt (Holzpflock Nr. 9). Der dunkle und massige Hornfels ist entlang der flach nach Westen einfallenden Kontaktfläche fest mit dem helleren Granit verschweißt. Was wir hier im Detail an einem kleinen Ausschnitt vorfinden, können wir uns ein kurzes Stück weiter auf der gegenüberliegenden Talseite im Großen ansehen. Die steilwandigen hellen Granite des Rosstrappenfelsens werden Richtung Westen mit einem Geländeknick auf einer nach Westen geneigten Fläche von graubraun angewitterten Hornfelsen überlagert.

Der weitere Weg folgt der ausladenden Flussschleife, die die Bode um den Bergsporn des Langen Hals bildet. Von nun an führt unsere Exkursion durch den Kontakthof des Ramberggranits. Dessen Oberfläche taucht in südliche und westliche Richtung mit flacher Neigung unter seinen Dachgesteinen ab,

Anschnitt des Granitkontakts mit überlagerndem dunkelgrauem und rostrot angewittertem Hornfels am Weg oberhalb des Bodekessels; Inset: Nahansicht des Grenzbereichs.

Um den Langen Hals herum

weshalb der Kontakthof hier wesentlich breiter ist als an seinem Nord- und Ostrand. Richtung Treseburg nimmt die Intensität der Kontaktmetamorphose generell ab. Da sich der Weg aber alles andere als geradlinig vom Granitkontakt entfernt, wechseln sich auf kurze Distanz Gesteine mit erkennbar unterschiedlicher kontaktmetamorpher Beeinflussung ab. Im Bereich des Langen Hals stehen Hornfelse und Diabase bzw. Diabashornfelse der Wissenbach-Formation an. Gelegentlich sieht man den Hornfelsen an, dass sie aus schiefrigen Gesteinen hervorgegangen sind, ein Hinweis auf eine abnehmende kontaktmetamorphe Beeinflussung mit zunehmender Entfernung vom Granit.

Kurz nach einem hohen Felsanschnitt aus dunkelgrauschwarzem Hornfels treffen wir auf einen mit Gesteinsschutt bedeckten Hang (Holzpflock Nr. 11) (**39**). Die schiefrigen Gesteine sind vielfach seidig glänzend und heller grau als die Wissenbacher Schiefer, aus denen sie hervorgegangen sind. Gelegentlich lassen sich auf den Schieferungsflächen mm-große dunkle Flecken erkennen. Es sind Neubildungen, die oft aus Erzmineralen oder Cordierit bestehen. Letzteres ist eine typische Neubildung in kontaktmetamorph beeinflussten Tonschiefern, wobei die Minerale bei ihrem Wachstum Fremdkörper umschließen. Nicht nur die Wissenbacher Schiefer enthalten kohlige Partikel, die dann als Pigmente den Mineralneubildungen eine dunkle bis schwarze Farbe verleihen. Makroskopisch lassen sich diese Neubildungen nicht näher bestimmen, weshalb man sie neutral als Knoten und die Gesteine als Knotenschiefer bezeichnet. Der seidige Glanz geht auf die Bildung feiner, heller Glimmer zurück, die sich bei relativ niedrigen Temperaturen gebildet haben. Knotenschiefer sind typische Bildungen im Bereich der mittleren und äußeren Kontaktaureole um einen Plutonkörper.

Knotenschiefer mit charakteristischem seidigem Glanz (Breite: 11,5 cm).

Knapp 500 m weiter stoßen wir südlich der Einmündung des Großen Taschengrunds auf kleine Klippen, die auffällig gebändert sind. Grünlich graue Lagen wechseln in kurzen Intervallen mit gelblich weißen. Auch hierbei handelt es sich um charakteristische Kontaktmetamorphite. Wie die Schieferhornfelse zuvor sind auch die hier anstehenden Gesteine aus Wissenbacher Schiefern hervorgegangen. Allerdings sind ihnen hier Kalkgesteins- oder kalkhaltige Tonsteinlagen zwischengeschaltet gewesen. Karbonatminerale sind thermisch nicht besonders stabil und wandeln sich bei entsprechend hohen Temperaturen in verschiedene calciumhaltige Silikatminerale um, die die hellen Kalksilikatgesteinslagen bilden. Die dunklen Lagen dagegen bestehen aus gewöhnlichem Schieferhornfels. Die Bänderung dieses als Kalksilikathornfels bezeichneten Gesteins zeichnet damit die Schichtung deutlich nach, während letztere in anderen kontaktmetamorphen Gesteinen oft nicht zu erkennen ist. In besonders eindrucksvoller Weise ist diese Bänderung an einem aus seinem Verbund herausgelösten Felsblock beim Holzpflock Nr. 12 (**40**) ausgebildet. Während die dem Weg zugewandte Seite eine linienhafte Bänderung zeigt, weisen die Schichten quer dazu eine ausgeprägte Runzelung auf. Diese ist das Resultat der Schieferung, die das Gestein bei der variszischen Deformation, also bereits vor der kontaktmetamorphen Überprägung, erfahren hat. Entlang der senkrecht zum einwirkenden Druck orientierten Schieferungsflächen führten Schervorgänge zu kleinen Versätzen im Gestein, die sich in der Summe zu den makroskopisch erkennbaren faltenartigen Deformationen summierten.

Nur wenige Meter weiter steht in der Wegböschung ein in frischem Zustand sehr helles Gestein an. Bei genauerer Betrachtung wird man feststellen, dass es sich um ein kristallines Gestein handelt. Es ähnelt sehr feinkörnigen Graniten und wird petrographisch als Rhyolith bezeichnet. Aufgeschlossen ist ein Querschnitt durch den nördlichen Ast des Bodegangs, eine magmatische Gangintrusion aus aufgeschmolzenem Krustenmaterial, die im Oberkarbon, also noch vor der Bildung des Ramberggranits, entlang von Spalten aufgestiegen ist. Der hier etwa 4 m mächtige Gang fällt sehr steil nach Südsüdosten ein.

Felsblock aus Kalksilikathornfels mit der für ihn typischen Bänderung; Inset: Nahansicht der Bänderung.

Querschnitt durch den Südast des Bodegangs unweit nördlich der Einmündung des Kästentals in das Bodetal; Inset: Handstück des Bodegang-Rhyoliths (Bildbreite: 7 cm).

Der Bodegang quert das Tal

250 m vor der Einmündung des Kästentals, benannt nach dem altdeutschen Ausdruck für Eiben, schließt eine Felswand etwas oberhalb des Wegs (**41**) in eindrucksvoller Weise einen vollständigen Querschnitt durch den Südast des Bodegangs auf. Sowohl der flachere Liegend- als auch der steilere Hangendkontakt zu den umgebenden dunkleren Schiefern ist gut zu erkennen. Der W–E-streichende Gang fällt hier steil nach Süden ein. Beide Äste des Gangs setzen sich nach Westen im Bereich der Gewitterklippen auf der gegenüberliegenden Talseite fort.

liegend, hangend: unter bzw. über einer Bezugsschicht liegend

Ab der Einmündung des Kästentals weitet sich das Tal bodeaufwärts Richtung Treseburg merklich und die Hänge werden flacher. Zunehmend gibt es ruhiger fließende Bereiche, in denen das Flussbett durch Kiesbänke geprägt ist, immer wieder treten aber auch noch Stromschnellen auf. Die Wissenbacher Schiefer an der Klippe kurz südlich der Taleinmündung bei dem Holzpflock Nr. 16 (**42**) lassen kaum noch eine kontaktmetamorphe Überprägung erkennen. Sie sind gegenüber Verwitterung und Abtrag weit weniger widerstandsfähig als die Hornfelse oder hornfelsähnlichen Gesteine, was sich in diesem Abschnitt des Bodetals eindrucksvoll im Relief widerspiegelt. Trotz der mittlerweile großen Entfernung zum unmittelbaren Granitkontakt stoßen wir noch mehrfach auf gebänderte Kalksilikathornfelse, die uns anzeigen, dass wir die äußere Grenze der Kontaktaureole noch nicht erreicht haben.

Gneis, Glimmerschiefer, Amphibolit: Produkte einer höher- bis hochgradigen Regionalmetamorphose

Der Bodegang und der Bodetal-Kersantitgang

Neben den Mittelharzer Eruptivgesteinsgängen (s. Kasten S. 57) gibt es in unserem Exkursionsgebiet zwei weitere magmatische Gangsysteme. Der annähernd W–E-streichende **Bodegang** erstreckt sich über eine Länge von 12 km zwischen südlich Wendefurth im Westen und der La Viershöhe südwestlich des Hexentanzplatzes im Osten, wo er an den Ramberggranit stößt. Nördlich des Rambergplutons setzt er sich südwestlich von Stecklenberg noch ein kurzes Stück fort. Der meist 3 – 8 m, maximal bis 15 m mächtige Gang fällt steil in südliche Richtungen ein. An der La Viershöhe gabelt er sich Richtung Westen in einen nördlichen und südlichen Ast. Durch Störungen ist der Bodegang in zahlreiche gegeneinander versetzte Segmente unterteilt.
Das hellgraue Gestein ähnelt sehr feinkörnigen Graniten, und auch die chemische und mineralogische Zusammensetzung entspricht der von Graniten. In einer feinkörnigen Grundmasse lassen sich Einsprenglinge von Quarz, Feldspat und den Glimmermineralen Biotit und Muskovit erkennen. Sie geben dem Gestein ein porphyrisches Gefüge, weshalb man dieses Gestein früher als Granitporphyr bzw., bei höherem Quarzanteil, als Quarzporphyr bezeichnet hat. Entsprechend der heutigen Klassifikation vulkanischer Gesteine handelt es sich um einen Rhyolith, dem zuweilen das Attribut „mikrogranitisch" hinzugefügt wird.
K. A. Lossen, einer der Altmeister der Harzgeologie (s. S. 105), hatte sich seinerzeit im 19. Jh. intensiv mit dem Bodegang befasst und hielt ihn für eine vom Rambergpluton ausgehende gangartige Intrusion in das Nebengestein. Der unmittelbare Kontaktbereich zwischen dem Ramberggranit und dem Bodegang, der auch als Lossen'scher Gang bezeichnet wird, ist nicht aufgeschlossen, sodass erst Mitte des letzten Jahrhunderts nachgewiesen werden konnte, dass der Gang von dem Ramberggranit abgeschnitten wird (SCHUST 1958), er also älter sein muss. Das Alter der Gangintrusion wird heute in das Oberkarbon datiert.
Im Bereich der Gewitterklippen enthält der Bodegang in zwei zentralen, mehrere Meter mächtigen mikrogranitischen Nachschüben zahlreiche bis zu Kubikmeter-große Xenolithe, beim Magmaaufstieg mitgerissene Nebengesteinsfragmente, aus dem variszisch deformierten Grundgebirge und auch aus tieferen Bereichen der oberen Kruste. Solche Xenolithe sind oft die einzigen Hinweise auf die Beschaffenheit des tieferen Untergrunds. In der Hauptmasse bestehen sie nach TIETZ (1995) aus Plutoniten granitischer und dioritischer Zusammensetzung. Als dem kristallinen Fundament zugehörig werden Gneise, Glimmerschiefer und Amphibolite angesehen. Weitere Xenolithe bestehen aus Hornfels und Bodegang-Rhyolith.
Die Bildung der magmatischen Nachschübe muss in Zusammenhang mit der Intrusion des Bodetal-Kersantits gesehen werden. Der **Bodetal-Kersantitgang** erstreckt sich südlich des Bodegangs zwischen dem Großen Mühlental südwestlich von Altenbrak und der Region östlich der Luppbode südöstlich von Treseburg. Über eine Entfernung von etwa 5 km verläuft er mit Unterbrechungen und Versätzen in einem Abstand von 1 – 2 km parallel zum Bodegang und fällt wie dieser steil in südliche Richtungen ein. Mit 0,1 – 5 m ist er aber deutlich geringmächtiger.
Das dunkelgraue, feinkörnige und dichte Ganggestein aus der Gruppe der Lamprophyre ist bezüglich des Kieselsäuregehalts als intermediär einzustufen und setzt sich vorwiegend aus Plagioklas, Biotit und Pyroxen zusammen, die auch als Einsprenglinge auftreten können. Ein kleiner Steinbruch (**44**) etwas oberhalb der Straße nach

Querschnitt durch den Bodetal-Kersantitgang oberhalb der Straße im Luppbodetal; Inset: Handstück des Kersantits (Bilddurchmesser: 6,5 cm).

Allrode, etwa 700 m nach der Bodebrücke in Treseburg gelegen, bietet einen vollständigen Querschnitt durch den sich dort nach oben von 5 auf 2 m verjüngenden und annähernd schichtparallel in die angrenzenden Schiefer eingedrungenen Kersantitgang.
Der Bodegang-Rhyolith und der Bodetal-Kersantit sind gleichaltrig, doch während der Rhyolith aus aufgeschmolzenem Krustenmaterial hervorgegangen ist, entstammt der Kersantit dem oberen Mantel. Nach TIETZ (1996) resultieren die magmatischen Nachschübe des Bodegangs aus der Mischung der beiden unterschiedlich zusammengesetzten und sicherlich auch unterschiedlich heißen Magmen, was zu explosionsartigen Magmaaufstiegen geführt hat, wobei auch Gesteinsfragmente aus dem Rand der Magmakammer und der Aufstiegsspalten mit nach oben gerissen wurden. Dank der raschen Abkühlung sind diese Gesteinsbrocken vom Magma nicht assimiliert worden, sodass sie als Xenolithe im Bodegang erhalten geblieben sind.

Der Grenzbereich der Kontaktaureole

Quarzit: Sandstein, dessen Poren sekundär mit Quarz ausgefüllt wurden

Vergenz: Neigungsrichtung von Falten

Die letzten Kalksilikatfelse treffen wir im Bereich einer Hangbrücke an, die an steilen Felswänden um einen Geländesporn herumführt. Hier stehen in einem langen Aufschluss (**43**) variszisch deformierte und von Störungen durchzogene kontaktmetamorphe Tonschiefer mit zwischengeschalteten Quarzit- und Kalksilikatfelslagen an. Er bietet einen Einblick in eine nordwestvergente Faltenstruktur. Die Faltenschenkel wurden infolge der Deformation gestreckt und ausgedünnt, was man besonders eindrucksvoll am Wegknick am Ende der Hangbrücke erkennen kann. Die Tonschiefer und die härteren und spröderen Quarzit- und Kalksilikatfelsbänke haben unterschiedlich auf die Einengung reagiert. Bei letzteren ging die Streckung und Ausdünnung so weit, dass die Bänke teilweise in einzelne linsenförmige Körper zerlegt wurden (Boudinage).

Im weiteren Wegverlauf überschreiten wir die Grenze der Kontaktaureole, sodass ab hier bis nach Treseburg nur noch kontaktmetamorph unveränderte Gesteine angetroffen werden. Vorwiegend sind dies Tonschiefer, denen zuweilen Diabase und unterschiedlich mächtige Quarzitbänke eingeschaltet sind.

Faltenstruktur an einer Klippe bei der Hangbrücke westlich der Einmündung des Dambachtals.

Treseburg und Umgebung

Die kleine Ortschaft Treseburg liegt idyllisch in einer weit nach Süden ausladenden Bodeschleife. Nahe der harztypischen Holzkirche mündet die Luppbode von Süden in die Bode. Seine Gründung verdankt der Ort dem Bergbau auf Eisen und Kupfer, der zwischen dem 15. und 19. Jh. in dieser Region betrieben wurde. Die Erze wurden hier auch verhüttet.

Schmucke Villen am Bodeufer in Treseburg.

An der Westseite der Bodeschleife trifft man nahe der Fußgängerbrücke über die Bode auf das Stollenmundloch der Braunschweigischen Zeche (**45**). Eine Tafel informiert uns darüber, dass hier vom 16. bis weit ins 18. Jh. hinein die sulfidischen Erze Schwefelkies (Pyrit, FeS_2), Kupferkies (Chalkopyrit, $CuFeS_2$) und Magnetkies (Pyrrhotin, ~FeS) abgebaut wurden. Allerdings war der Bergbau nicht sehr ergiebig und wurde nur mit Unterbrechungen betrieben. Zum Ende der Betriebszeit hat der Grubenbau aber immerhin eine Tiefe von 700 m erreicht. Die heute wassergefüllten Stollen hatten die Bode unterfahren. Die NW–SE-streichende und mittelsteil nach Südwesten

Der ehemalige Gangerzbergbau

Wegstrecke von der Braunschweigischen Zeche zum Wilhelmsblick und zurück (Rundwanderung): ca. 3,2 km

Die Entstehung der Harzer Gangerze

Lange hatte man angenommen, dass die gangförmigen Vererzungen des Harzes genetisch mit den spätvariszisch am Übergang vom Oberkarbon zum Rotliegenden intrudierten Plutonen des Brockens und Rambergs als Wärmequellen und Stofflieferanten in Verbindung stehen. Dazu hat beigetragen, dass man eine zonale Verteilung unterschiedlicher Paragenesen um die Plutone erkannt hatte, mit Anreicherungen von Nickel-Kobalt-Arseniden in ihrem nahen Umfeld (z. B. im Hasseröder Revier, s. S. 104), an die sich nach außen zunächst Kupfer-, Blei- und Zinksulfide (Buntmetalle) und dann Schwer- (Baryt, $BaSO_4$) und Flussspat (Fluorit, CaF_2) anschließen.
Sicherlich trifft es zu, dass der abkühlende Granitkörper auch noch lange nach seiner Erstarrung die erforderliche Hitze lieferte, um ein System zirkulierender Tiefenwässer aufrechtzuerhalten. Ebenso kann davon ausgegangen werden, dass tiefreichende Störungssysteme teilweise bereits spätvariszisch im Anschluss an die Faltung angelegt wurden. Ein Großteil des heutigen Störungsnetzes wurde aber erst sehr viel später im Mesozoikum, vor allem im Jura, angelegt, was vielfach als Folge globaltektonischer Umwälzungen angesehen wird. Der mit Abschluss der Variszischen Gebirgsbildung entstandene Großkontinent Pangäa war nämlich seit der Trias im Begriff, sich in die heutigen Kontinente aufzuspalten.
Die zirkulierenden Hydrothermalwässer heizten sich auf ihrem Weg in die Tiefe auf bis zu 300 °C auf. Ihr Salzgehalt und die Druck- und Temperaturbedingungen in der Tiefe machten sie sehr aggressiv gegenüber den durchströmten Gesteinen, aus denen sie Metalle und andere Stoffe herauslösten. Beim Aufstieg kühlten sich die Lösungen ab, wobei die mitgeführten Stoffe bei Unterschreiten ihrer Löslichkeit großenteils auf den Störungs- und Kluftflächen ausgefällt wurden. Auch die Vermischung mit Wässern mit abweichendem Chemismus führte zu Ausfällungen in den Gangspalten. Insbesondere ist die Bildung von Schwer- und Flussspat auf die Mischung aufsteigender, barium- und fluorreicher Tiefenwässer mit von oben eindringenden sulfat- und calciumreichen Wässern zurückzuführen. Letztere hatten sich bei der Durchströmung der Gesteine des Zechsteinsalinars, die das gefaltete paläozoische Grundgebirge einstmals überdeckten, mit Salzen angereichert. Man geht heute davon aus, dass sich die Ausfüllung von Gangspalten in mehreren, zeitlich weit auseinanderliegenden Phasen vollzogen hat, wobei die Ausscheidung von Schwer- und Flussspat im Allgemeinen als jünger angesehen wird als die von Quarz und der Sulfide.

Paragenese: Mineralvergesellschaftung

Quarz: SiO_2

Kalkspat: Calcit, $CaCO_3$

Flussspat: Fluorit, CaF_2

einfallende hydrothermale Gangstruktur liegt auf dem Treseburger Hauptgang, der als Gangarten Quarz, Kalk- und Flussspat führt. Sie ist an eine Störungszone gebunden, die sich nach Nordwesten fortsetzt. Am gegenüberliegenden Wildstein lassen sich ebenfalls Spuren dieses Altbergbaus entdecken. Die etwa 5 m breite Gangzone wird beidseitig von quarzitischen Schiefern der Wissenbach-Formation mit eingeschalteten Quarzitlagen eingerahmt.

Über den Burgberg

Keine 150 m südlich vom Mundloch führt ein steiler Pfad auf den Burgberg, der großenteils aus Diabas aufgebaut wird. Sichtbares Mauerwerk von der Burg (**46**), die es hier auf dem

Andreas Börner
Mecklenburgische
Martin Röper / Monika Rothgaenger
Rainer Müller · Hans-Joachim Franzke
Oberharz
Streifzüge durch die Erdgeschichte
Christoph Hebestreit
Wutachregion
Geologisches Kleinod im Südwesten
Streifzüge durch die Erdgeschichte

Burgberg einmal gegeben hat, gibt es nicht mehr. Bei der eigentlichen Gründung des Orts im 18. Jh. wurden die Steine der Ruine für den Bau der ersten Häuser verwendet, zu denen die schmucken Villen bei der Bodefurt zählen.

Stollenmundloch der Braunschweigischen Zeche in Treseburg.

Die Diabase am Burgberg und Wildstein können mit einer mineralogischen Besonderheit aufwarten, die in geschliffener Form als Katzenauge bezeichnet wird. Die Diabase sind von zahlreichen, mit Quarz ausgefüllten Gängen und Klüften durchsetzt. Was den Quarz hier so besonders macht, ist das Auftreten einer faserigen, fein- bis kryptokristallinen Varietät, in die eine ebenfalls faserige Varietät des Hornblendeminerals Aktinolith, die als Amianth oder auch Aktinolithasbest bezeichnet wird, eingewachsen ist. Reiner Katzenaugenquarz ist weiß. Graue, beige und braune Farben treten in Abhängigkeit von Art und Menge an Fremdionen im Kristallgitter auf.

Erst im Schliff zu rundlicher Form tritt der Katzenaugeneffekt, die Chatoyance, in Erscheinung, die sich als schimmernder, an das Schlitzauge einer Katze erinnernder Lichtstreifen bemerkbar macht, welcher bei Bewegung des Steins über seine Oberfläche gleitet. Hervorgerufen wird dieser Effekt durch die parallele Orientierung der feinen Mineralfasern, die Licht bevorzugt senkrecht zu ihrer Längsachse reflektieren. Der Katzenaugenquarz wurde hier bei Treseburg abgebaut und zu Schmuckstein verarbeitet.

Nicht selten sind die Diabase in und um Treseburg wie hier am Wildstein von Quarzgängen durchzogen.

Als schöner Abschluss dieser Exkursion bietet sich eine Wanderung von der einstigen Treseburg Richtung Nordwesten über die Aussichtspunkte „Krügerslust“ und „Dobblers Höhe“ zum Wilhelmsblick (**47**) an. Der Bereich um den Wilhelmsblick liegt auf dem Kamm eines engen Mäanderhalses, an dem sich die Prallhänge der gegenüberliegenden Bodeabschnitte

Katzenaugenquarz vom Wildstein (Breite: 8 cm); Heimatmuseum Altenbrak (98), mit freundlicher Genehmigung.

bis auf 175 m annähern. Richtung Westen erkennt man die nach Treseburg fließende Bode, Richtung Osten ihren flussabwärts von Treseburg liegenden Abschnitt. Diese Nähe veranlasste den Straßenbaumeister Wilhelm 1861, nach dem Bau der Straße Blankenburg – Treseburg – Allrode hier einen Durchstich durch den schmalen Felsgrat anzulegen, um den oberhalb gelegenen und dann nach ihm benannten Aussichtspunkt zu erschließen. Der Weg dorthin führt über eine Treppe abwärts. Die auf dieser Seite des Stollens anstehenden Gesteine bestehen aus rostbraun angewitterten siltig-tonigen Schiefern der Wissenbach-Formation mit eingelagerten dünnen, tektonisch intensiv zu linsenförmigen Körpern zerscherten hellen Kalksteinlagen.

Durchstich durch den Felsgrat unterhalb des Aussichtspunkts Wilhelmsblick.

Beim Austritt aus dem Stollen ist Vorsicht geboten, denn er mündet direkt auf die Straße. Dieser nach rechts folgend, erreicht man nach etwa 1 km wieder Treseburg. Die ab dem Stollen über etwa 300 m aufgeschlossene Gesteinsfolge ist Teil des unterkarbonischen Bodetal-Olisthostroms. Neben größeren Quarzitblöcken sind untergeordnet und meist von kleinerer Größe auch Diabase, Ton- und Kieselschiefer sowie Kalksteine als Olistholithe in die tonige Matrix eingelagert.

Felsburgen, Moore und Mythen: Das Brockenmassiv

In diesem Kapitel durchstreifen wir die Region um den höchsten Berg des Harzes, den Brocken. Das vorwiegend von Granitgesteinen geprägte Brockenmassiv erstreckt sich zwischen Bad Harzburg, Torfhaus, Braunlage und Drei-Annen-Hohne. Seine weithin sichtbare Kuppe überragt die Gipfel der umliegenden Berge um bis zu 600 m. Die vorgestellten Wanderungen führen uns von Hasserode, Schierke und Torfhaus an den Randbereichen des Brockenmassivs aus mehr oder weniger weit in sein Inneres.

Der Hochharz – die Region der hochmontanen bis subalpinen Waldstufe in Höhenlagen oberhalb von 700 – 750 m ü. NN – bildet einen geschlossenen Naturraum, in dem sich sein natürlicher Charakter weitgehend erhalten hat. Zu ihm zählen neben einem größeren Bereich um den Brockengipfel auch das westlich angrenzende Torfhäuser Hügelland sowie der sich südwestlich erstreckende Acker-Bruchberg-Rücken. Weite Bereiche vor allem seiner Westseite werden von Mooren eingenommen. Ein Großteil seines Gebiets steht als Nationalpark unter besonderem Schutz. Die Nationalparkhäuser auf dem Brocken (**106**), in Torfhaus (**107**), im Ilsetal (**108**), in Schierke (**109**) und bei Drei-Annen-Hohne (**110**) vermitteln mit ihren Info-Materialien, Ausstellungen und Umweltbildungsangeboten Einblicke in die Diversität der Lebensräume und Dynamik natürlicher Entwicklungen in dieser Region.

Zur Moorentwicklung s. Kasten Seite 120

Infos und Kontakt zu Anlaufstellen s. Kap. „Nützliches und Informatives" ab Seite 177

Blick vom Steinbergskopf auf der Ostseite des Drängetals über den Kleinen Thumkuhlenkopf und das Thumkuhlental hinweg zum Brocken.

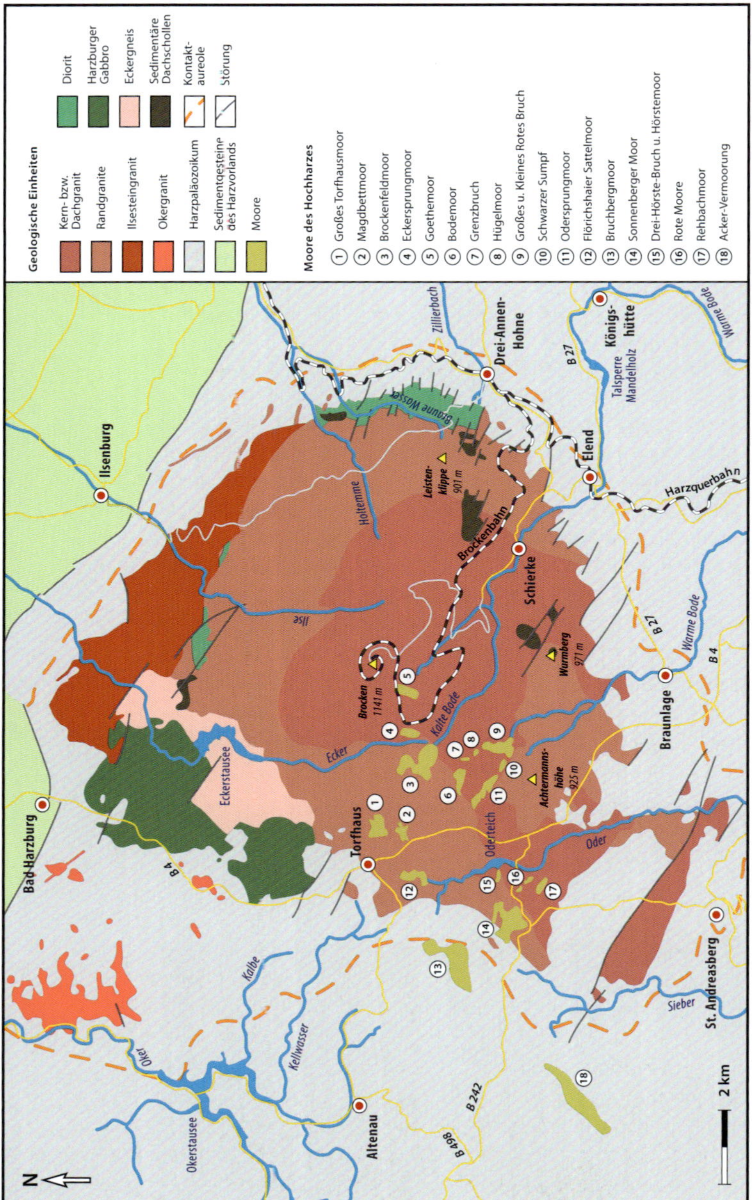

Verbreitung kristalliner Gesteine und Lage bedeutender Moorgebiete in der Brockenregion. Kontur der geologischen Einheiten verändert nach GEOLOGISCHES LANDESAMT SACHSEN-ANHALT (1998).

Der Brockenpluton – wie der des Rambergs ein postkinematischer Intrusionskörper – ist in etwa 4 – 5 km unter der damaligen Oberfläche erstarrt, wobei die Hüllgesteine eine Kontaktmetamorphose erfuhren. Im Zuge der späteren Heraushebung des Harzes wurden die überlagernden paläozoischen und mesozoischen Sedimentgesteine abgetragen, sodass der Plutonkörper heute großflächig an der Erdoberfläche zutage tritt. Die verwitterungsresistenten Granite und die sie einstmals überlagernden Hornfelse haben der Abtragung weitaus besser widerstehen können als ihre Hüllgesteine, weshalb sich die Brockenregion heute morphologisch so markant aus ihrer Umgebung hervorhebt.

Pluton: in der Tiefe erstarrter Magmakörper

postkinematischer Magmatismus *s. Seite 17*

Kontaktmetamorphose *s. Seite 80*

Der Aufbau des Brockenmassivs

Das Brockenmassiv ist komplexer aufgebaut als das des Rambergs. Der Plutonkörper hat die Form einer flachen, horizontal liegenden Scheibe, die als Lakkolith bezeichnet wird. Die aus südöstlicher Richtung entlang flacher Aufstiegsbahnen in höhere Krustenbereiche eingedrungenen Teilschmelzen haben zu einem nach Süden offenen, hufeisenförmig-konzentrischen Aufbau des Brockenmassivs geführt. Die geologischen Karten unterscheiden mehr als ein Dutzend Granitvarietäten, die jeweils Teilintrusionen repräsentieren. Abgrenzungskriterien sind u. a. der Anteil an dunklen Mineralen wie Hornblende oder Augit, die Größenverhältnisse der Hauptminerale und die Neigung zur Ausbildung von Drusen. Allein makroskopisch ist es aber vielfach nicht möglich, alle Granitvarietäten zu differenzieren.

Neben ganz überwiegend hellen Graniten treten im Brockenmassiv auch deutlich dunklere und basischere, d. h. kieselsäureärmere Plutonite auf. Sie werden als frühe Bildungen des mehrphasig entstandenen Magmatitsystems angesehen. Namentlich sind dies Diorite, die im Nordteil und am Ostrand des Brockenmassivs anzutreffen sind, sowie die westlich und nordwestlich der Brockengranite auftretenden Gabbros, Gabbrodiorite und Norite. Die drei letztgenannten bilden eine NE – SW-gestreckte Spaltenintrusion, deren Gesteine als Harzburger Gabbro zusammengefasst werden. Diese vermutlich ältesten Intrusionen werden durch den Eckergneis von den Brockengraniten getrennt. Instruktive Wanderungen durch den westlichen Teil des Brockenmassivs mit dem Harzburger Gabbro und dem Eckergneis stellt der in dieser Buchreihe erschienene Band „Oberharz“ von MÜLLER & FRANZKE (2014) vor.

Diorit, Gabbrodiorit, Gabbro, Norit: Tiefengesteine (Plutonite) in der Reihenfolge abnehmender Kieselsäuregehalte bzw. zunehmend basischeren Charakters

Rundwanderung südwestlich von Hasserode

Einfahrt der Harzquerbahn in den Bahnhof Steinerne Renne beim Wasserkraftwerk.

Diese Wanderung durch die Region südwestlich des Wernigeröder Ortsteils Hasserode führt zunächst über die Steinerne Renne auf den Oberen Hohneweg, auf dem in der Saison ein Bus zwischen Drei-Annen-Hohne und Ilsenburg verkehrt. Bei den Hohensteinklippen geht es dann zum Braunen Wasser und durch das Thumkuhlental abwärts bis zur Einmündung in das Drängetal. Der Harzquerbahn um den Beerberg herum folgend, gelangen wir zurück zum Ausgangspunkt. Am Beginn und am Ende der Tour durchstreifen wir die sedimentären Hüllgesteine des Brockenplutons, während ihr Großteil durch den Ausstrichbereich des Brockengranits verläuft.

Durch die Steinerne Renne aufwärts

Länge der Rundwanderung: ca. 15,5 km

Startpunkt ist das Wasserkraftwerk „Steinerne Renne“ bei gleichnamigem Bahnhof der Harzquerbahn. Das 1899 in Betrieb genommene Kraftwerk ist ein technisches Denkmal und liefert auch heute noch Strom. Angetrieben werden die Turbinen durch Wasser, dass durch ein Druckrohr etwa 160 m in die Tiefe stürzt. Es wird von einem Wehr in der Holtemme unterhalb des Gasthauses „Steinerne Renne“ über einen 1,7 km langen geschlossenen Kanal zum oberen Ende des Druckrohrs geleitet. Nach Passieren der Turbinen wird es wieder der Holtemme zugeführt. Gebaut wurde das Kraftwerk, um das Schotter- und Granitwerk mit Strom zu versorgen, das zur selben Zeit an zwei Standorten, hier im Bereich nördlich der Straße sowie im Thumkuhlental, errichtet wurde. Auch lieferte es die Energie zur Bearbeitung des Gesteins in den Steinbrüchen der Umgebung und für dessen Transport mit Steinbruchbahnen und Seilzuganlagen zu den Granitwerken.

Die wallartig die Talsohle des unteren Abschnitts der Steinernen Renne bedeckenden Granitblöcke werden als Moränenbildungen gedeutet.

Kurz nach Überquerung der Gleise treffen wir auf eine Krananlage und eine Gesteinssäge aus der Zeit, als der besonders harte und daher sehr begehrte Granit im Bereich des Ottofelsens (**52**), des Kleinen und Großen Birkenkopfs sowie der Wolfsklippen gebrochen wurde. Die hier im Umfeld anstehenden Gesteine zeigen aber, dass wir uns noch außerhalb des Granitgebiets befinden. Wenig weiter talaufwärts bedecken große rundliche Granitblöcke wallartig die Talsohle (**48**). Ein Schild weist sie als Endmoränenbildungen, also als eiszeitliche Bildungen, aus. Auch wenn diese Interpretation vielleicht nicht unumstritten ist, sprechen der muldenförmige Talquerschnitt sowie die Lage der Holtemme, die sich zwischen Wall und nördlichem Talhang eingekerbt hat, dafür. Unzweifelhaft ist, dass Teile des Hochharzes während der pleistozänen Kaltzeiten von bis zu 200 m mächtigen Gletschern bedeckt gewesen waren.

Ottofelsen s. Seite 98

Die Harzregion während der pleistozänen Kaltzeiten

Norddeutschland wurde innerhalb der letzten 400 000 Jahre von drei Eiszeiten erfasst, während derer, vom skandinavischen Eisschild ausgehend, Gletscher unterschiedlich weit nach Süden vorrückten. Die Gletscher der letzten Eiszeit, des Weichsel-Glazials, haben den Harz nicht erreicht. Die des Saale-Glazials erreichten zwar den Harzrand, haben aber allenfalls die östlichsten Ausläufer des Harzes überfahren. Die Gletscher der ältesten Eiszeit, des Elster-Glazials, erreichten die größte Ausdehnung. Größere Bereiche des Unterharzes wurden von seinen Eismassen bedeckt. Östlich des Rambergmassivs zeichnet die 400-m-Höhenlinie etwa die maximale Ausdehnung des Eises nach. Im Mittel- und Oberharz stießen die Gletscher zwar bis an den Harzrand und in die Taleingänge vor, doch stellte der Harzrand hier ein zu großes Hindernis dar, als dass er von den Gletschern überwunden werden konnte.

Das Inlandeis hat seine Spuren am auffälligsten in Form von Findlingen skandinavischen Ursprungs hinterlassen, von denen im Harzvorland einige zu finden sind. Auch die den kreidezeitlichen Ablagerungen des Ostseeraums entstammenden Feuersteine sind Mitbringsel des Eises. Ihre südlichste Verbreitung, die sogenannte Feuersteinlinie, markiert die Maximalausdehnung der nordischen Inlandvereisung. In mehreren Orten ist diese durch Eiszeit-Denksteine gekennzeichnet, so in Wernigerode an der Abzweigung der Lindenallee von der Halberstädter Straße, in Blankenburg am Lühner Torplatz und in Friedrichsbrunn an der Hauptstraße unweit der Tourist-Information.

Eiszeit-Denkstein in Wernigerode.

Zumindest während der beiden letzten Glaziale waren Teile des Hochharzes von eigenen Gletschern bedeckt. Vor allem im Odertal, aber auch in den Tälern der Sieber und Radau sowie im Kellwassertal – alle westlich des Brockens gelegen – konnte ein großer Formenschatz glazialer Bildungen nachgewiesen werden. Erkenntnisse in diesen Bereichen prägen bis heute maßgeblich die Vorstellungen über die Eigenvergletscherung des Harzes. Denen zufolge scheinen das Torfhäuser Hügelland sowie der Acker und Bruchberg die „Hot Spots" der Vergletscherung gewesen zu sein, von denen aus die Eismassen in die Täler und, zumindest teilweise, bis ins nördliche Vorland hinein drängten. Die Kuppen der höheren Berge, insbesondere auch die des Brockens, wurden von den Gletschern umflossen, blieben selbst aber zumeist eisfrei. Nachdem die unmittelbare Region um den Brocken aufgrund der deutsch-deutschen Teilung für Jahrzehnte der Forschung entzogen war, mehren sich nun Befunde, die Anlass zu der Vermutung geben, dass die Geschichte der Eigenvergletscherung des Hochharzes in Teilen umgeschrieben werden muss.

Zone mit intensiver Quarzmineralisation am „Silbernen Mann" in der Steinernen Renne; Inset: Nahansicht der verästelten Quarztrümer.

Knapp 200 m vor der Abzweigung des Kleine Rennewegs gelangen wir zum „Silbernen Mann" (**49**). Die hohe Klippe schließt einen Querschnitt durch eine mächtige, etwa WNW–ESE-streichende Zone mit Quarzmineralisationen auf, die einer Störung im Grenzbereich zwischen unterkarbonischem Acker-Bruchberg-Quarzit im Nordosten und ebenfalls unterkarbonischen Grauwacken im Südwesten aufsitzt. Die grauen bis grüngrauen schiefrigen Gesteine sind hier intensiv mit Quarzäderchen durchtrümert. Teilweise wurden die Gangspalten nicht vollständig ausgefüllt. Die dadurch entstandenen drusenartigen Hohlräume boten Platz für das Wachstum gut auskristallisierter Minerale, bei denen es sich überwiegend um Quarz handelt. Der hydrothermale Gang ist Teil einer ganzen Schar störungsgebundener Quarzmineralisationen innerhalb des Kontakthofs des Brockenplutons, auf die der Bergbau im Hasseröder Revier gründete, denn die Gänge weisen teilweise Sulfidmineralisationen auf. Hier im Umfeld ging bereits zu Beginn des 14. Jh. ein Bergbau auf Kupfer um.

Talaufwärts nähern wir uns dem Kontakt zwischen Brockenpluton und Nebengestein nun deutlich an. Der Übergang zu den widerstandsfähigen Plutoniten kündigt sich durch eine zusehende Talverengung und Wegversteilerung an. Etwa ab dort, wo der Weg mit dunklem Kopfsteinpflaster befestigt ist, haben wir diese Grenze erreicht.

Die Holtemme, die im unteren Bereich ein noch eher mäßig turbulent fließender Bach mit Stillwasserbereichen war, stürzt hier über zahlreiche Stromschnellen talwärts. Wenig weiter verrät uns Granitgrus in der Wegböschung, dass wir nun das Granitgebirge erreicht haben. Für den beschwerlichen Anstieg im letzten Abschnitt vor dem Gasthaus „Steinerne Renne“ (**50**) werden wir mit eindrucksvollen Blicken auf die Stromschnellen und Wasserfälle der Holtemme entschädigt.

Wasserfall der Holtemme beim Gasthaus „Steinerne Renne“.

Über die Hohensteinklippen zum Braunen Wasser hinab

Über die Bielsteinchaussee oberhalb des Gasthauses gelangt man auf den Oberen Hohneweg, auf dem sich die Exkursion Richtung Süden zu den Hohensteinklippen (**51**) fortsetzt. Gut 500 m nach der Abzweigung des Treppenstiegs trifft man auf die Gruppe der mehr oder weniger stark in sich zusammengestürzten Granitfelsburgen. Der helle Granit, dessen Hauptgemengteile grauer Quarz, weiße Feldspäte und schwarzer Biotit bilden, ist hier recht grobkörnig ausgebildet. Diese Granitvarietät ist auf die äußersten Randbereiche des Plutons beschränkt und nimmt nur einen vergleichsweise geringen Anteil seiner Fläche ein.

Wollsackverwitterung und Grusbildung s. Kasten Seite 99

An den weniger stark verfallenen Felsburgen ist die Wollsackverwitterung sehr gut ausgebildet. Auffällig ist die Neigung der mehr oder weniger parallel zur Erdoberfläche verlaufenden Lagerklüftung, auch als Bankung bezeichnet, in östliche Richtung. Lagerklüfte verlaufen parallel zur Abkühlungsfläche des Plutons und zeichnen daher dessen einstige Oberflä-

Stark aufgelöste Granitfelsburgen der Hohensteinklippen.

che nach, als er noch von seinen Hüllgesteinen umgeben war. In Verbindung mit ihrer Engständigkeit – ein Indiz für eine vergleichsweise rasche Abkühlung des Magmas – lässt sich vermuten, dass wir uns hier nicht weit vom einstigen Dach des Plutons unweit seines Ostrands befinden.

Den Luftlinie etwa 500 m nordöstlich gelegenen Ottofelsen (**52**) erreichen wir über den abwärts führenden Weg. Der etwas höhere der beiden Felstürme ist über angebrachte Metalltreppen besteigbar und bietet einen fantastischen 360°-Blick. Der Blick ins Harzvorland reicht bei guter Sicht bis zum Großen Fallstein und Huy im Norden bzw. Nordosten, sogar Halberstadt ist rechts am Schloss Wernigerode vorbeiblickend zu erkennen.

Nordwestlich des Ottofelsens befinden sich mehrere alte Granitsteinbrüche. Vielfach diente auch der hier besonders grobe Blockschutt als Steinbruch. Beim „Herumstromern" wird man oftmals auf Gesteinsblöcke stoßen, die zahnabdruckartige Kerben aufweisen. Sie zeugen von der manuellen Spaltung der Blöcke durch Keilsetzen entlang einer Keilnut. Die Wege und Pfade sollte man dabei nicht verlassen, denn die Gefahr, in verdeckte Hohlräume zwischen den Granitblöcken zu treten, ist sehr groß.

Grobkörnige Varietät der Randgranite aus der Region zwischen Hohensteinklippen und Ottofelsen (Breite: 16 cm); Inset: Nahansicht des kristallinen Gefüges.

Wollsackverwitterung

Die Bildung der an gestapelte Wollsäcke erinnernden Granitfelsburgen ist ein auch nach geologischen Maßstäben langer Prozess. Das feuchtwarme Klima während des Tertiärs hat zu einer weit intensiveren und tiefgründigeren Verwitterung geführt, als sie unter heutigen Bedingungen hierzulande stattfindet. Den bedeutendsten Prozess stellte dabei die teilweise Umwandlung der Feldspäte in Kaolin, ein Tonmineral, dar, wodurch der Kornzusammenhalt verloren ging und der Granit allmählich vergruste. Die Verwitterung des Granits setzte vorzugsweise an den Kluftflächen an, die in Graniten typischerweise ein ausgeprägtes rechtwinkliges System bilden. Die Kluftbildung geht auf die Volumenabnahme bei der Gesteinsabkühlung zurück, aber auch auf die spätere Druckentlastung, die mit der erosionsbedingten Freilegung des in vielen Kilometern Tiefe bei entsprechendem geostatischen Druck erstarrten Granits verbunden war. Im Laufe der Zeit wurden die Kanten an den Schnittstellen der Klüfte gerundet und die Klüfte entwickelten sich zu grusgefüllten Zwischenräumen. Der Grus besteht aus den einzelnen Mineralen oder Mineralaggregaten, aus denen der Granit aufgebaut war, vor allem aus Quarz und Feldspat.

Während der quartären Eiszeiten setzte sich die Vergrusung fort. Allerdings war es nun gefrierendes Wasser in kleinen Hohlräumen und Kapillaren, welches aufgrund der Volumenzunahme einen enormen Druck entwickelte und durch Frostsprengung den Gesteinszersatz fortschreiten ließ. Auch trugen Mineralumwandlungen zur Schwächung des Kornverbands bei. So kann die verwitterungsbedingte Umwandlung von Biotit zu wasserhaltigem Hydrobiotit infolge der damit verbundenen Volumenzunahme ebenfalls einen Sprengeffekt erzeugen.

In wärmeren Phasen, vor allem in den Warmzeiten, gab es reichlich flüssiges Wasser in Form von Niederschlägen und Schmelzwässern, das den Grus zwischen den Granitquadern ausspülte. Auf diese Weise entstanden teilweise recht labile Gebilde aus gestapelten losen Granitblöcken, die spätestens während der nachfolgenden Kaltzeit in sich zusammenfielen. Selbst unter Permafrostbedingungen taute der Boden in den Sommermonaten oberflächlich auf. Da das Niederschlags- und Schmelzwasser aber nicht durch den nach wie vor gefrorenen Untergrund sickern konnte, staute es sich in der Auftauzone. Kleinste Hangneigungen reichten dann aus, dass die Auftauschicht in Bewegung geriet und sich bis dahin noch zusammenhängende Einheiten aus Granitquadern in einzelne Blöcke auflösten. Der Vorgang dieses Bodenfließens wird auch als Solifluktion bezeichnet und ist eine charakteristische Erscheinung in Periglazialgebieten. Zurück blieben gewaltige Mengen Blockschutt und Felsburgen aus stehengebliebenen Granitquadern.

Der Granit des Ottofelsens zeigt schön ausgebildete Wollsackverwitterung; von der Spitze der besteigbaren Felsburg aus bietet sich ein grandioser Rundumblick (Foto: M. Karrasch).

Intensiv vergruster Granit im Hang oberhalb des Thumkuhlentals.

Exkurs über den Südosthang der Hippeln

Über den Hauptweg (Wegsymbol grüner Punkt) gelangt man zum Gebäude der Bergwacht am Braunen Wasser. Dem Thumkuhlental etwa 600 m abwärts folgend, zweigt kurz hinter der Brücke über das Braune Wasser ein Weg nach links ab. Er führt als Abstecher zu mehreren instruktiven Aufschlüssen am Südosthang der Hippeln. Bevor man den dortigen hangparallelen Weg erreicht, führt ein stark mit Ginsterbüschen verwachsener Weg nach links zu einer Aufschlusswand (**53**), an der wir das Resultat einer sehr fortgeschrittenen Granitverwitterung aus der Nähe betrachten können. Der Gesteinsverband ist hier in starkem Maße aufgelöst. Nur noch vereinzelte Blöcke „schwimmen" in einer mächtigen Grusschicht.

Nicht nur der Granit selbst, sondern auch der Granitgrus war ein durchaus geschätzter Rohstoff. Da er gut wasserdurchlässig ist, dabei selbst kaum Wasser bindet und zudem mit einfachen Mitteln abzubauen und ohne weitere Aufarbeitung nutzbar war, wurde er vielfach zum Wegebau verwendet. Aber auch für die Glashütten, von denen es in der Brockenregion einige gab, bildete der quarzreiche Grus einen wichtigen Rohstoff.

Zu den Harzer Glashütten s. Kasten Seite 110

Auf dem hangparallelen Weg angekommen, treten kurz darauf in der Wegböschung Schieferhornfelse zutage. Sie repräsentieren ein Überbleibsel aus dem sedimentären Dach des Plutons, welches sich als kleine, vermutlich in das Magma eingesunkene Scholle hier im unmittelbaren Grenzbereich zwischen Granit und Ostranddiorit erhalten hat. Der Hornfels ist teilweise von kleinen Granit- und Dioritapophysen durchsetzt. Der überwiegend mittel- bis feinkörnige Ostranddiorit ist Teil des Brockenplutons, zeichnet sich gegenüber den Graniten aber durch

Hornfels s. Seite 80

Apophyse: von einem Magmakörper ausgehende gangartige Intrusion im Nebengestein

einen geringeren Kieselsäuregehalt und höhere Anteile der Minerale Augit, Hornblende und Biotit aus, die seine deutlich dunklere Farbe bedingen. Ein kurzes Stück weiter stehen Dioritblöcke an, die von dünnen, teilweise netzartigen Gängen aus grobkörnigem Granit durchzogen sind. Dieser Befund bietet uns einen sicheren Hinweis darauf, dass der Diorit älter sein muss als der Granit.

Mit dünnen Granitgängen durchsetzter Dioit in der Wegböschung am Südosthang der Hippeln.

Nach weiteren 250 m erreichen wir einen Steinbruch (**54**), in dem Diorit abgebaut wurde, der hier heute allerdings nicht mehr anzutreffen ist. Stattdessen erkennen wir im Nordteil des Bruchs Granit und quarzitische Sedimentgesteine. Der Granit ist als 10 – 20 m mächtige Apophyse in flach lagernde Quarzite eingedrungen und hat diese kontaktmetamorph zu Quarzithornfelsen umgewandelt. Letztere geben sich als massige, rostbraun angewitterte Bänke im Liegenden des Granits zu erkennen. Ihre stratigraphische Zugehörigkeit ist bislang ungesichert. Die Kontaktfläche ist fast söhlig ausgebildet und hervorragend aufgeschlossen. Gut lässt sich erkennen, dass die Bankfugen des Quarzits beim Eindringen der Schmelze teilweise „aufgeblättert“ wurden.

söhlig: waagerecht liegend

Nicht minder eindrucksvoll ist der bis zu 1,5 m mächtige und steil nach etwa Nordosten einfallende Quarzgang, der über fast die gesamte Länge der östlichen Steinbruchwand

Als Apophyse in quarzitische Sedimente eingedrungener Granit im Steinbruch am Südosthang der Hippeln; Inset: Nahansicht des durch den Granit „aufgeblätterten“ Quarzits.

Quarzgang im Steinbruch am Südosthang der Hippeln; Inset: Lesestein mit in eine Druse eingewachsenen, einige mm langen Quarzkristallen (Foto: M. Karrasch).

Hämatit: Eisenglanz, Roteisenstein, α-Fe_2O_3

hydrothermal: durch heiße, gas- und salzreiche wässrige Lösungen entstanden; s. auch Kasten Seite 88

aufgeschlossen ist. Die rötliche Färbung geht auf eine geringe Hämatitführung zurück. Wie am Silbernen Mann (**49**), sitzt der Quarzgang auch hier einer Störung auf und ist als hydrothermale Bildung anzusehen.

Zurück am Braunen Wasser und das Thumkuhlental weiter abwärts gehend, treffen wir kurz vor der Bahnbrücke auf den Naturkundlich-Geologischen Lehrpfad Hasserode, dem wir bis zum Ausgangspunkt dieser Exkursion folgen werden. Nahe der Brücke erinnern ein mit einem großen Granitblock beladener Waggon, Gebäudereste und eine Info-Tafel an die Zeit des Granitbergbaus in dieser Region.

Durch das Thumkuhlental abwärts

Kurz nach der Brücke führt ein Pfad zum Braunen Wasser hinab und zu zwei größeren Aufschlüssen am Steilhang seines Südufers (**55**), zwischen denen der Nachbau einer historischen Anlage zur Nutzung der Wasserkraft sowie das Mundloch der Grube Aufgeklärtes Glück liegen. Aufgeschlossen ist der Untere Wernigerode-Flinz, eine bis zu 40 m mächtige mitteldevonische Gesteinsfolge der Wernigerode-Formation. In hervorragender Weise zeigt sie die charakteristische Wechsellagerung aus sehr geringmächtigen Kalk-, Kalkmergel- und Tonschieferlagen. Die flach, zuweilen auch steil etwa nach Osten einfallende

Granitblock auf einem Waggon an der ehemaligen Granit-Verladestation (Foto: M. Karrasch).

Aufschluss im Unteren Wernigerode-Flinz am Braunen Wasser im Thumkuhlental; Inset: Nahansicht der Wechsellagerung zwischen Kalk-, Kalkmergel- und Tonschieferlagen.

oder überkippt vorliegende Gesteinsfolge ist Ausdruck sehr geringer Sedimentationsraten, wie sie in landfernen, von submarinen Schwellen begrenzten Beckenbereichen herrschten. Kennzeichen dieser Beckenablagerungen ist eine mehr oder weniger starke Verkieselung. Die Kieselsäure stammt aus der diagenetischen Auflösung kieseliger Schalen und Sklerite abgestorbener, vorwiegend planktischer Organismen.

Die Tonschiefer- und Kalkmergellagen repräsentieren die „normale“ Sedimentation in diesem Ablagerungsraum. Turbiditische Schüttungen bedingten die Einschaltung von bis zu 10 cm mächtigen Bänken aus dunkelgrauem, gröberkörnigem Kalk. Die dunkle Farbe ist durch einen gewissen Anteil an Bitumen und Pyrit bedingt. Als Herkunftsgebiet dieser detritischen Kalke werden Schwellenbereiche und Schelfhangregionen angenommen, in denen es zuvor zur Bildung von Flachwasserkalken (sog. Herzynkalk) gekommen ist.

Die Profile zeichnen sich durch einen ausgeprägten Schuppenbau aus. An den vorwiegend nach Südosten einfallenden Aufschiebungsbahnen wurden die Gesteinsschichten lokal verschleppt. Die leicht wellige Deformation, Kleinfaltung und einige Störungen gehen allerdings eher auf synsedimentäre Rutschungen zurück.

An dem funktionsfähigen Nachbau einer Wasserkunst, bestehend aus der Zuleitung für das Aufschlagswasser, Wasserrad, Feldgestänge und Schachtgerüst mit Kunstkreuz, lässt sich sehr anschaulich nachvollziehen, wie die Rotationsbewegung des Wasserrads zunächst in eine horizontale und schließlich vertikale Bewegung umgewandelt wird. Mittels dieser An-

Diagenese: *Verfestigung von Lockersedimenten*

Mergel: *kalkhaltiges toniges Sediment*

Turbidit: *Suspensions- bzw. Schlammstrom*

detritisch: *aus Gesteinsschutt bestehend*

synsedimentär: *zeitgleich mit der Sedimentation entstanden*

Foto der Wasserkunst im Thumkuhlental s. Seite 9

Die Grube Aufgeklärtes Glück mit davorliegenden Halden im Thumkuhlental; Insets: Stollenmundloch und Nahansicht der vielfarbigen Oxidationsprodukte verschiedener Erzminerale auf der Gesteinsoberfläche.

lage wird eine Pumpe betrieben, die den 70 m tiefen Schacht entwässert, der zwecks Erkundung möglicher Uranvorkommen hier abgeteuft wurde.

Das Mundloch der Grube Aufgeklärtes Glück (**56**) liegt etwas verborgen hinter kleinen Halden aus der Zeit des Grubenbetriebs. Nahebei ist der etwa 1 m mächtige hydrothermale Gang aufgeschlossen, erkennbar an den farbenfrohen Ausfällungen und Oxidationsprodukten. Der Gang durchzieht die Gesteine des Unteren Wernigerode-Flinz. Als Gangart tritt neben Quarz auch Kalkspat auf. Erzmittel sind Speiskobalt ($(Co,Ni)As_3$) und Rotnickelkies ($NiAs$), gediegen Wismut (Bi), Arsenkies ($FeAsS$), Bleiglanz (PbS) und Zinkblende (α-ZnS). Das Vorkommen von Nickel-, Kobalt- und Wismuterzen ist eine Besonderheit im Harz. Allerdings wurde der Bergbau, der mindestens auf das Jahr 1570 zurückgeht, sehr wahrscheinlich zunächst auf Silber in Form von silberhaltigem Bleiglanz betrieben. Kobalterze wurden erst ab dem 17. Jh. abgebaut. Sie fanden bei der Herstellung blauer Farbe Verwendung. In Hasserode, in der Straße mit dem Namen „Freiheit“ (früher „Bergfreiheit“), hatte es eine Blaufarbenfabrik gegeben.

Zur Bergfreiheit s. Kasten Seite 59

Die Grube Aufgeklärtes Glück liegt im Hasseröder Revier, zu dem zahlreiche weitere Gruben im Dränge- und Thumkuhlental sowie in der Steinernen Renne gehören. Sie konzentrieren sich auf die Erzbezirke Aufgeklärtes Glück, Silberner Mann, Goslarsche Gleie und König Friedrich. Der Bergbau in dieser Region kann auf eine 500-jährige Geschichte zurückblicken. Wirklich gewinnbringend ist er aber niemals gewesen und war vielmals unterbrochen. Die Grube Aufgeklärtes Glück war die nachhaltigste aller Gruben. Die Kenntnis über eine geringe Uranvererzung war in den Jahren um 1950 herum Anlass, die Stollen und Schächte dieser 1804 stillgelegten Grube nochmals aufzuwältigen. Die Prospektionsarbeiten ergaben aber keine bauwürdigen Uranvorkommen.

An der Einmündung auf die Straße Hasserode – Drei-Annen-Hohne gelangen wir zu einem Denkmal (**57**), welches zu Ehren des großen Geologen und Petrographen Karl August Lossen (1841 – 1893) aufgestellt wurde. Er gilt als einer der Begründer der systematischen geologischen Erforschung des Harzes. Er war der erste, dem es gelang, eine geologische Übersichtskarte für den Harz zu erstellen, der eine stratigraphische und tektonische Modellvorstellung über seinen geologischen Bau zugrunde liegt. Auch wenn viele Vorstellungen Lossens nicht erst aus heutiger Sicht als überholt angesehen werden müssen, bildeten seine Kartierungsarbeiten und petrographischen Studien doch eine ganz wesentliche Grundlage, auf die nachfolgende Arbeiten aufgebaut und die damit letztendlich zu unserem gegenwärtigen Verständnis der Harzgeologie beigetragen haben.

Entlang der Bahntrasse um den Beerberg herum

100 m vor dem Lossen-Denkmal zweigt ein unscheinbarer Pfad ab, über den man nach Unterquerung der Bahntrasse auf den Bahnparallelweg gelangt, der, nach rechts gehend, den Beerberg östlich und nördlich umrundet. Der wird aus unterschiedlichen, mittel- bis oberdevonischen Gesteinen der Wernigerode-Formation aufgebaut. Aber erst auf seiner Nordseite treffen wir auf Weganschnitte im Anstehenden, die sich dann fast ohne Unterbrechung bis zum Stollenmundloch der Grube König Friedrich (**58**) hinziehen. Die dunklen, dünn- bis sehr dünnban-

Das Lossen-Denkmal an der Einmündung des Thumkuhlentals in das Drängetal.

Stollenmundloch der Grube König Friedrich auf der Nordseite des Beerbergs.

kigen Gesteine gehören zum Unteren Wernigerode-Flinz. Sie entsprechen denen, die wir im Thumkuhlental gesehen haben (**55**). Hier dominieren allerdings die Tonschiefer, die teilweise dachschieferartig ausgebildet sind, deutlich gegenüber den Kalkeinlagerungen.

In den kleinen Pingen der Grube König Friedrich auf dem Beerberg im Streichen eines Quarzgangs wurden im 17. und 18. Jh. vor allem Bleiglanz, Zinkblende und Kupferkies ($CuFeS_2$) abgebaut. Wenig westlich des Stollenmundlochs überschreitet man die Grenze zur Plattenschiefer-Zone, deren Gesteine wegabwärts oberhalb des Bahnhofs Steinerne Renne in Klippen und weiteren Anschnitten anstehen. Typischerweise sind es sehr dünnplattige, meist graugrüne verkieselte Tonschiefer (Wetzschiefer), denen Kalkstein und Kieselschiefer zwischengelagert sein können. Sie bilden die basale, maximal etwa 60 m mächtige Gesteinsfolge der Wernigerode-Formation und vermitteln als solche zwischen den stratigraphisch liegenden (hier aber nicht vorhandenen) Wissenbacher Schiefern und dem hangenden Unteren Flinz. Die Gesteinsfolge ist hier stark gestört und deformiert, weshalb die Bezeichnung „Plattenschiefer“ zunächst irritiert. Einen vorzüglichen Aufschluss bietet ein längerer Weganschnitt an der Bielsteinchaussee (**59**) auf der gegenüberliegenden Talseite nahe des Bahnübergangs gleich westlich der Abzweigung der Goslarschen Gleie. Wieder am Wasserkraftwerk „Steinerne Renne“ angelangt, endet diese in vielerlei Hinsicht abwechslungsreiche Exkursion.

Weganschnitt in Plattenschiefern der basalen Wernigerode-Formation an der Bielsteinchaussee; Inset: Nahansicht der Plattenschiefer.

Von Schierke auf den Hohnekamm und weiter nach Drei-Annen-Hohne

Blockmeer aus Granitblöcken am Parkplatz „Am Thälchen" in Schierke.

Ausgangspunkt dieser Wanderung durch das südöstliche Brockengebiet ist der große Parkplatz „Am Thälchen" an der Hagenstraße in Schierke. Die Route führt zunächst nach Nordosten am Erdbeerkopf und Jakobsbruch vorbei auf den Hohnekamm, und von dort Richtung Südosten über den Trudenstein und das Natur-Erlebniszentrum HohneHof nach Drei-Annen-Hohne.

Von Schierke zur Glashüttenwiese

Entlang der Bahnhofstraße bis zur Haltestelle der Brockenbahn oberhalb von Schierke durchqueren wir ein Blockmeer aus gewaltigen, übereinanderliegenden Granitblöcken, wie sie bereits im Hang gegenüber dem Parkplatz eindrucksvoll zu sehen waren. Es sind die Überreste zusammengestürzter Felsburgen, die durch Solifluktion v. a. unter den periglazialen Permafrostbedingungen während der eiszeitlichen Kaltzeiten allmählich hangabwärts transportiert wurden.

Länge der Wanderung: ca. 16 km

Unweit des Bahnhofs Schierke liegt die Feuersteinklippe (**60**). Die imposante Felsburg, das Wahrzeichen von Schierke, erreichen wir über eine Schneise, die sich gegenüber dem Bahnhof nach Norden aufwärts zieht. Die Felsformation zeigt schön ausgebildete Wollsackverwitterung mit einer recht engständigen Lagerklüftung. Letztere ist ein Indiz für die Lage nahe des einstigen Dachs des Plutonkörpers. Noch ausgeprägter ist die Engständigkeit der Lagerklüftung an der nahe gelegenen, im Fichtenwald etwas versteckt liegenden kleineren Felsburg. Wie an frischeren Bruchflächen zu erkennen, ist der Granit hier leicht rötlich gefärbt. Eine am Fuß der Klippe in das Gestein eingelassene Metalltafel erinnert daran, dass Goethe und der Ma-

Wollsackverwitterung, Solifluktion und Entstehung von Blockmeeren s. Kasten Seite 99

Zur Harzregion während der Eiszeiten s. Kasten Seite 95

Die Feuersteinklippe oberhalb des Bahnhofs Schierke.

Die „alte Apotheke“ in Schierke.

ler Georg Melchior Kraus sich hier im Jahre 1784 aufhielten, um geologische Studien zu betreiben.

Der Apotheker Willy Drube hat in den 1920er Jahren die Rezeptur für einen Kräuterlikör entwickelt, bei dessen Bezeichnung der Name der Felsformation aufgrund seiner rötlichen Färbung Pate stand. Die Feuersteinklippe ziert die Flaschenetiketten des „Schierker Feuerstein“ bis heute. Die Apotheke, in der Drube an der Rezeptur herumexperimentierte, steht unmittelbar gegenüber dem Schierker Rathaus.

Links, bzw. westlich an der Feuersteinklippe vorbeigehend, führt ein Pfad nach Norden. Nach Passieren einer weiteren imposanten Felsburg gelangt man bald auf einen breiten Weg nahe einer größeren Wegkreuzung. Dem von dort nach Norden aufwärts führenden Weg folgend, umrunden wir die Kuppe des Erdbeerkopfes auf seiner Westseite und treffen dort auf den Glashüttenweg. Aufschlüsse gibt es hier im Umfeld nicht. Der aufmerksame Wanderer wird möglicherweise aber bemerkt haben, dass sich unter den herumliegenden Gesteinsblöcken und Lesesteinen mit zunehmenden Anteilen nicht-granitische Gesteine finden. Tatsächlich wird der Großteil der Kuppe des Erdbeerkopfes und des sich westlich anschließenden Gebiets aus Hornfelsen aufgebaut, hervorgegangen aus der kontaktmetamorphen Überprägung mitteldevonischer Wissenbacher Schiefer infolge des Eindringens der magmatischen Schmelze, aus der der umgebende Granit hervorgegangen ist.

Hornfels *s. auch Seite 80*

An der Wegkreuzung mit dem Glashüttenweg stehen wir ziemlich genau im Zentrum einer größeren Hornfelsscholle. Granitblöcke oder -lesesteine sind hier nicht mehr zu finden. Meist wird angenommen, dass es sich bei diesen inselartig im Granit „schwimmenden“ Hornfelsen um aus dem Dach des Plutons eingebrochene und nur unvollständig vom Magma assimilierte Schollen des umgebenden sedimentären Hüllgesteins handelt. Es ist aber auch denkbar, dass die Hornfelsscholle das Dach des Plutons in „originaler“ Lagerung repräsentiert. Aus beiden Situationen ließe sich rückschließen, dass die heutige Geländeoberfläche etwa der ursprünglichen Obergrenze des Plutons entspricht.

Engständige Lagerklüftung des Granits am Ahrensklint.

Die sehr harten und spröden Hornfelse treten aufgrund ihrer hohen Erosionsbeständigkeit nicht selten reliefbestimmend in Erscheinung, nicht nur hier am Erdbeerkopf. Oftmals ist mangels Aufschlüssen ein markanter Reliefknick zunächst der erste Hinweis auf einen derartigen Gesteinswechsel.

Bevor wir unseren Weg Richtung Norden zur Glashüttenwiese im Jakobsbruch fortsetzen, sei ein kurzer Abstecher zur 500 m Luftlinie entfernt liegenden Ahrensklint-Klippe (**61**) empfohlen. Die besteigbare Granitfelsburg liegt unmittelbar an der Südgrenze der Hornfelsscholle, in der wir uns gerade befinden. Wir erreichen sie, wenn wir den Glashüttenweg nach Westen gehen, wo nach 400 m ein Pfad nach links zum Ahrensklint abzweigt. Hornfels-Lesesteine am und im Weg noch unmittelbar nördlich der Klippe geben keinen Hinweis auf die unmittelbare Nähe der Grenze zum Granit, erst an der Klippe selbst wird offenkundig, dass wir sie nun überschritten haben. Der hellgraue, mittelkörnige Granit zählt zu dem Dach- bzw. Kerngranit, der auch als normalkörniger Granit bezeichnet wird und den zentralen Teil und große Teile des südlichen und südwestlichen Brockenmassivs einnimmt.

Abstecher zum Ahrensklint

Der Felsturm mit recht engständiger Lagerklüftung ist zwar nicht sehr hoch, aber hoch genug, um einen fantastischen 360°-Panoramablick zu ermöglichen, u. a. auch auf den nordöstlich von hier gelegenen Hohnekamm, auf dessem Kammweg wir später entlangwandern werden. Auch der Wurmberg ist zu sehen, der Blick auf den Brockengipfel bleibt uns hier allerdings verwehrt.

Zur Verbreitung der Granitvarietäten in der Brockenregion *s. die geologische Karte Seite 92*

Zurück an der Wegkreuzung, gelangen wir Richtung Norden nach kurzer Wegstrecke auf die Glashüttenwiese (**62**) am südlichen Rand des Jakobsbruchs, dem Quellgebiet der Wormke, die bei Mandelholz in die Kalte Bode mündet. Von der 1824 gegründeten und 1842 aufgrund von Brennstoffmangel wieder aufgegebenen Glashütte ist außer einem ein-

Auf der Glashüttenwiese am Südrand des Jakobsbruchs.

gezäunten „Loch" – wohl der Standort des Jakobshauses, eines in den 1840er Jahren auf den Grundmauern der einstigen Glashütte errichteten fürstlichen Jagdhauses – und einem Teich nichts mehr zu sehen, was dem landschaftlichen Reiz dieses Fleckens jedoch keinen Abbruch tut. Der Sand, der zur Glaserzeugung benötigt wurde, wurde über den Glashüttenweg vorwiegend vom Regenstein (**91**, **92**) nördlich von Blankenburg herantransportiert. Im 18. Jh. hatte es hier ein Torfwerk gegeben, in dem der im Jakobsbruch gestochene Torf aufbereitet wurde, um anschließend als Brennmaterial u. a. auch für die Metallhütten zu dienen. Auch die Jakobsbrucher Hütte verwendete neben Abfallholz Torf als Brennmaterial.

Sandgrube am Regenstein s. Seite 160

Von der Glashüttenwiese auf den Hohnekamm

Auf Höhe des Teichs biegt der Weg Richtung Osten um und folgt der Wormke auf ihrer Nordseite. Linker Hand liegt das sehr ebene, mit Fichten und Blaubeersträuchern bestandene Bruchgelände. Rechter Hand erkennt man eine markante Geländestufe. Hier treten die widerstandsfähigen Hornfelse zutage, die die Kuppe des Erdbeerkopfs aufbauen. Grani-

Die Harzer Glashütten

Ab dem 15. bis Anfang des 19. Jh. hat es im Harz und seinem unmittelbaren Vorland etliche Glashütten gegeben. Der Anlass zu deren Gründung waren meist weniger die günstigen Voraussetzungen mit Blick auf die erforderlichen Rohstoffe und die Infrastruktur, als vielmehr das Bestreben der damaligen Landesherren, ihre Ländereien möglichst gewinnbringend zu nutzen, auch die abgelegeneren Wälder und die damals sonst nicht nutzbaren Ressourcen wie die Rotliegend-Steinkohle des Südharzes. Die Glasherstellung ist ein energieintensiver Prozess. Vor allem Holz, aber auch Torf und Steinkohle wurden als Brennmaterial eingesetzt, letztere insbesondere auch, weil Holz mit der zunehmenden Intensivierung des Bergbaus immer knapper und teurer wurde. Die Betriebsdauer der meisten Glashütten beschränkte sich auf nur wenige Jahre, von daher kann man den Betrieb der Jakobsbrucher Hütte durchaus als Erfolgsgeschichte werten.

te finden sich in diesem Wegabschnitt nicht. Erst nach etwa 500 m, wo der Forstmeister-Sietz-Weg nach Norden abzweigt, liegen nördlich des Wegs wieder Granitblöcke herum. Wir verlassen nun den Bereich der Hornfelsscholle an seiner Nordostseite und folgen dem Weg nach Norden, bis nach etwa 700 m rechts ein Pfad steil aufwärts führt. Über den steinigen und abschnittsweise über Holzbohlen führenden Pfad gelangen wir auf den Hohnekamm.

Der 800 – 900 m hohe, NW – SE-orientierte Hohnekamm wird von mehreren Granitklippen und -felsburgen, den Hohneklippen, gekrönt. Von Nordwesten nach Südosten sind dies die Landmanns-, Höllen-, Grenz-, Leisten- und Bärenklippe. Wir treffen im Bereich der Höllenklippe auf den Kammweg. Nach dem etwas mühevollen Anstieg kann man hier erst einmal verschnaufen und das Landschaftsbild auf sich einwirken lassen, das sich so gänzlich von dem unterscheidet, das wir bisher in der Brockenregion kennengelernt haben. Der lichte Baumbestand wird beherrscht durch Fichten, Birken und Ebereschen, Blaubeersträucher bedecken großflächig den kargen Boden zwischen den zahlreich herumliegenden Granitblöcken. Überragt werden die Bäume von unterschiedlich großen Granitklippen mit vorzüglich ausgebildeter Wollsackverwitterung.

Über den Hohnekamm nach Südosten

Der Kammweg Richtung Südosten führt teilweise über Holzbohlenstege. Im Bereich der Grenzklippe mit ihren imposanten Felsburgen kann man bei entsprechendem Wetter eine wunderbare Fernsicht in südliche und westliche Richtungen genießen. Nach weiteren 500 m gelangen wir zur Leistenklippe (**63**), die über eine Metalltreppe bestiegen werden kann. Der 360°-

Charakteristisches Landschaftsbild auf dem Hohnekamm.

Blick von der Leistenklippe über den Hohnekamm zum Brocken.

Panoramablick ist einfach grandios. Bei klarer Sicht reicht der Blick über den Harzrand zwischen Ilsenburg und Blankenburg hinaus weit ins Vorland hinein. Großer Fallstein, Huy und der Quedlinburger Sattel mit dem markanten Hoppelberg an seinem Nordwestende sind zu erkennen. Die Kalkstein-Tagebaue des Elbingeröder Komplexes lassen sich ebenso ausmachen wie der Brocken und der Wurmberg.

Von der Leistenklippe führt der weitere Weg nun in südliche Richtung allmählich abwärts. Nach kurzer Strecke zweigt nach rechts der Moorstieg ab. Unsere Exkursion führt zwar geradeaus weiter, aber ein kurzer Abstecher den Moorstieg abwärts bis zum Waldrand wird mit einer schönen Aussicht über ein Moorgebiet mit der typischen Vegetation eines Hangmoors belohnt, welches sich von hier aus hangabwärts erstreckt und durch das sich der Holzbohlenweg schlängelt.

Die Hornfelse der Bärenklippe sind ein Rest des sedimentären Dachs des Plutons.

Zurück auf unserem eigentlichen Weg, bemerken wir nach gut 500 m wie schon zuvor am Erdbeerkopf einen Gesteinswechsel. Unter den herumliegenden Gesteinen treten die Granite zugunsten von Hornfelsen zurück. Auch hier im Umfeld der Bärenklippe (**64**) sind diese Teil einer größeren Scholle aus kontaktmetamorphen Wissenbacher Schiefern. Aber anders als am Erdbeerkopf tritt ihr sedimentäres Gefüge oftmals deutlich hervor. Die markante Bänderung ist bedingt durch kalkige, kieselige oder sandige Einschaltungen in den Tonschiefern, die jeweils unterschiedlich auf die thermische Beanspruchung bei der Kontaktmetamorphose reagiert haben. Noch bevor ein Wiesenweg nach links abzweigt, führt ein kurzer Pfad in dieselbe Richtung zu einer kleinen Klippe, an der man die Hornfelse anstehend vorfindet. Von der Klippe aus hat man einen schönen Blick Richtung Wernigerode und über einen Großteil des Elbingeröder Komplexes mit seinen großen Kalkstein-Tagebauen.

Kontaktmetamorphose *s. Seite 80*

Die Hornfelse begleiten uns wegabwärts Richtung Süden noch weitere 250 m. Kurz nachdem der Weg nach Westen umgeschwenkt ist, treten wieder Granite auf. Am Ende des steilen Abstiegs gelangen wir beim Trudenstein (**65**) wieder auf den Glashüttenweg, den wir östlich der Glashüttenwiese verlassen hatten. Der Trudenstein ist eine kleine besteigbare Granit-Felsformation, von der aus sich ein wunderbarer Blick über die Hochfläche des Mittel- und Unterharzes eröffnet. Richtung Südosten reicht der Blick über die Täler der Kalten und Warmen Bode, die Rappbodetalsperre und die Bergwiesen und Felder um Hasselfelde bis zum Großen Auerberg bei Stolberg, dessen aus vulkanischen Gesteinen der Rotliegend-Zeit aufgebaute Kuppe sich am Horizont markant aus der Umgebung hervorhebt. Richtung Süden reicht der Blick über den Harzrand hinaus, im Westsüdwesten ist der Wurmberg zu sehen.

Granitbergbau

Nicht zu sehen, aber unmittelbar unter uns gelegen, ist der große Granitsteinbruch Knaupsholz, der von hier aus allerdings nicht erreicht werden kann. Um zu ihm zu gelangen, müssen wir vom Trudenstein nach Osten bis zu einer größeren Wegkreuzung

Tiefgründig zersetzter Granit in einem alten Steinbruch am Glashüttenweg.

Der Wormkegraben, ein bedeutendes Baudenkmal

Der Wormkegraben, auch als Wormsgraben bezeichnet, ist einer der ältesten und mit gut 2,3 km Länge auch größten Kunstgräben des Harzes. Er sammelt bis heute das aus dem Jakobsbruch und am Südhang des Hohnekamms abfließende Wasser. Als Bauzeit wird der Zeitraum zwischen dem 12. und 14. Jh. angenommen. Seine Funktion lag in der Einspeisung von zusätzlichem Wasser in den Zillierbach, der über das Mühlental im Wernigeröder Ortsteil Nöschenrode den Harz verlässt. Dort wurden bis Mitte des 19. Jh. 20 Mühlen betrieben, die ausreichend Aufschlagswasser für den Antrieb der Wasserräder benötigten. Spätestens ab der ersten Hälfte des 17. Jh. wurde das Wasser auch für den Betrieb bergbaulicher Anlagen mittels Wasserkraft im Umfeld der heutigen Zillierbachtalsperre genutzt. Weiterhin diente er der bis dahin nicht gewährleisteten kontinuierlichen Wasserversorgung von Wernigerode.

Der nahezu hangparallel verlaufende Wormkegraben östlich des Steinbruchs Knaupsholz.

Etwa 700 m westlich des Trudensteins, unweit der Wegkreuzung „Spinne“, ist die dem Jakobsbruch entspringende Wormke mit einem Wehr und einem Durchlass versehen, durch welches das Wasser in den beinahe hangparallel verlaufenden Wormkegraben geleitet wird. In das Bett der Wormke unterhalb des Wehrs gelangt, zumindest bei normaler Wasserführung, so gut wie kein Wasser. Der Graben führt zunächst in südöstliche Richtung unterhalb des Trudensteins am Steinbruch Knaupsholz vorbei und mündet bei Drei-Annen-Hohne schließlich in den Zillierbach. Das Gefälle des Grabens beträgt durchgehend etwa 5 %. Um den hangabwärts gelegenen Grabenrand vor Zerstörung durch Erosion zu schützen, säumt diesen zumeist ein bis zu 1 m hoher künstlicher Damm, wodurch der Grabenverlauf im Gelände in der Regel gut auszumachen ist. Der Wormkegraben hat seine Funktion bis heute behalten, denn er trägt zu gut einem Drittel zu der in der Zillierbachtalsperre gespeicherten Wassermenge bei, aus der die Städte Wernigerode und Elbingerode mit Trinkwasser versorgt werden.

gehen (Wegsymbol roter Balken), wo sich auch ein Rastplatz befindet. Hier quert der Wormkegraben den Weg. Nahe der Wegkreuzung liegt hinter einer Absperrung ein alter Steinbruch (**66**). Allerdings hat man hier nicht den Granit, sondern sein Verwitterungsprodukt, den Grus, gewonnen, der im Wegebau ein ge-

Grusbildung und -nutzung s. Seite 100 sowie Kasten Seite 99

Der untere Bereich des Steinbruchs Knaupsholz; Inset: Nahansicht der beigefarbenen Granitvarietät.

schätzter Rohstoff war. Der Granit ist hier tiefgründig zersetzt. In dem recht groben, aus Mineralaggregaten bestehenden Grus „schwimmen“ in nur noch sehr losem Verband unzersetzte Granitblöcke, ähnlich wie wir das bereits am Südosthang der Hippeln (**53**) oberhalb des Thumkuhlentals beobachtet haben.

Aufschlüsse am Südosthang der Hippeln *s. Seite 100*

Exkurs zum Granitsteinbruch Knaupsholz

Von der Wegkreuzung führt ein 1,5 km langer Exkurs nun zu dem großen Granitsteinbruch Knaupsholz (**67**). Um dorthin zu gelangen, folgt man dem nach Süden führenden Weg. Es sei darauf hingewiesen, dass der Steinbruch der Natursteinwerk Wernigerode GmbH temporär noch in Betrieb ist. Ohne eine Genehmigung der Betriebsleitung sollte er daher nicht betreten werden. Nach 600 m trifft man auf einen breiten Schotterweg, der als Zufahrtsstraße fungiert und nach rechts bzw. Nordwesten zum Steinbruchgelände führt. Nach wenigen hundert Metern folgt der Weg dem Wormkegraben, der oberhalb im Hang verläuft.

Bereits auf dem weiten Platz vor dem eigentlichen Bruchgelände haben wir Gelegenheit, uns den Granit an den dort aufgetürmten Quadern in frischem Zustand anzusehen. Es ist eine recht grobkörnige Varietät der Randgranite. Er ist von hellgrauer bis hellbeiger Färbung. Im Steinbruch findet man auch eine etwas rötlichere Varietät. Die beige bis rötliche Färbung ist vornehmlich durch den hohen Anteil der Kalifeldspäte von durchschnittlich fast 46 % bedingt. Eine punktuell auftretende Rostfleckigkeit trägt in geringem Maße ebenfalls zur Farbgebung bei. Von der unteren Steinbruchsohle führt ein Fahrweg aufwärts zu dem Bereich, in dem Granitgrus aus einer tiefgründi-

Die Geschichte des Steinbruchs Knaupsholz

Der Steinbruch wurde wenige Jahre nach der Fertigstellung der Brockenbahn 1898, etwa um 1903, unmittelbar neben der Bahntrasse in Betrieb genommen. Über ein Nebengleis war der Steinbruch an die Brockenbahn angeschlossen. Die Gewinnung und Bearbeitung des Granits war bis 1939 reine Handarbeit. Die Steinmetze arbeiteten vor Ort und fertigten aus dem Rohmaterial u. a. Stufen, Podeste, Verblendsteine und Brückenquader. Der Transport der Gesteinsblöcke innerhalb des Steinbruchs erfolgte mittels Handwinden und Plattenwagen. Erst mit dem Anschluss an das Stromnetz ab 1939 kamen elektrisch betriebene Anlagen zum Einsatz, sodass auch mit Presslufthämmern gearbeitet und Kräne zum Heben der schweren Lasten eingesetzt werden konnten.
Nach dem II. Weltkrieg kamen im Bruchgelände und an der Verladerampe auch Grubenloks mit Akkuantrieb zum Einsatz. Der Transport der Steine von der Steinbruchsohle hinab zur Verladerampe am Bahngleis erfolgte auch noch nach der Elektrifizierung weiterhin mittels Kipploren, die allein die Gravitation als Antriebskraft benötigten. Über eine Doppelwinde wurden die leeren Wagen von den abwärts rollenden beladenen Wagen auf einem Parallelgleis wieder hinaufbefördert. Für den Einsatz der kleinen Loks war die Steigung zu groß.
Da die Vorräte an Granit von ausreichender Qualität abnahmen, wurde 1937 ein neuer Steinbruch angelegt. Ausgehend vom alten Steinbruch folgte der Abbau jetzt einer anderen Kluftrichtung des Granits. In dieser Zeit wurde die Werksteinproduktion vom Steinbruchgelände nach Wernigerode verlagert. Die Rohsteine gelangten mit Schmalspurgüterwagen vom Steinbruch dorthin. Der Knaupsholz-Granit mit den beiden heutigen Handelssorten „Knaupsholz rot“ und „Knaupsholz beige“ zählte zu den wichtigsten Werksteinen der ehemaligen DDR. Zeitweilig wird hier auch heute noch Granit gebrochen, wobei bis zu 20 % als Sägeblöcke, der Rest als Schutt gewonnen werden. Auch der Granitgrus findet Verwendung, u. a. bei der Instandhaltung der Wanderwege im Nationalpark Harz.

Das manuelle Spalten der Granitblöcke durch Keilsetzen entlang einer Keilnut war eine äußerst mühsehlige Arbeit.

gen Verwitterungszone gewonnen wird. Von hier aus hat man einen guten Überblick über das heutige Bruchgelände.

Über den HohneHof nach Drei-Annen-Hohne

Zurück am Rastplatz am Wormkegraben, geht es Richtung Nordosten weiter zum Nationalparkhaus HohneHof (**110**). Das zu einem Natur-Erlebniszentrum umgebaute einstige Forsthaus Hohne bietet seit 2011 neben Info-Materialien vielfältige Veranstaltungen an, die sich v. a. an Kinder richten. Ein Café gibt es hier auch. Auf dem Weg dorthin durch aufschlussloses Terrain bemerken wir an einem Reliefknick und an dem Aus-

Im oberen Bereich des Steinbruchs Knaupsholz wird temporär Granitgrus gewonnen.

setzen der Bestreuung mit Granitblöcken wenig westlich des Natur-Erlebniszentrums, das wir den Ausstrichbereich der Brockengranite, und auch des Ostranddiorits, durch den der Weg ein Stück weit verläuft, nun verlassen.

Zur Verbreitung der Diorite in der Brockenregion s. die geologische Karte Seite 92

Der Weg vom Natur-Erlebniszentrum nach Drei-Annen-Hohne führt an einer Bergwiese vorbei. Die einst zahlreichen Lichtungen und Waldwiesen im Hohnegebiet wurden in früheren Jahrhunderten als Weiden genutzt. Erst 1972 wurde die Waldweide endgültig eingestellt. Kurz vor Erreichen der Landstraße und am Ende dieser Exkursion lädt ein Portal insbesondere Kinder dazu ein, mithilfe zahlreicher Mitmach-Stationen entlang des Löwenzahn-Entdeckerpfads die Natur des Nationalparks kennenzulernen.

Zu den Harzer Bergwiesen s. Kasten Seite 68

Portal am Beginn des Löwenzahn-Entdeckerpfads bei Drei-Annen-Hohne.

Von Torfhaus über das Brockenfeld zum Brocken

Blick vom Nationalpark-Besucherzentrum TorfHaus zum Brocken.

Diese Exkursion führt von Torfhaus aus durch das Große Torfhausmoor, umrundet das Brockenfeld an seiner West- und Südseite und führt dann nach Nordosten durch das Goethemoor und letztendlich auf den Brockengipfel. Geologisch betrachtet, startet sie unmittelbar am Westrand des Brockenplutons, an den sich die unterkarbonischen Quarzite des Acker-Bruchberg-Zugs anschließen. Torfhaus liegt auf einer Passhöhe in 800 m ü. NN, sodass der zu bewältigende Höhenunterschied zum 1141 m hohen Brocken, den man bereits von hier aus Richtung Osten über das Radautal hinweg erblickt, nicht allzu groß ist. Die Wanderung steht ganz im Zeichen der Moore, welche ausgedehnte Areale der Westabdachung des Brockenmassivs einnehmen. Den Granit, der über den gesamten Wegverlauf im Untergrund ansteht, werden wir anstehend nur sehr spärlich zu Gesicht bekommen.

Länge der Wanderung: ca. 12 km

Zur Lage bedeutender Moorgebiete in der Brockenregion s. Karte Seite 92

Startpunkt ist das Nationalpark-Besucherzentrum TorfHaus (**107**) direkt an der B 4. Etwa 650 m südlich quert der Abbegraben die B 4, dem wir in östliche Richtung folgen. Der 1827 angelegte und etwa 1,6 km lange Graben ist der jüngste und östlichste Teil eines ausgedehnten Dammgraben-Systems, welches ab 1732 angelegt wurde, um die sich im 18. und 19. Jh. immer weiter ausdehnenden Bergwerke auf dem Burgstätter Gangzug um Clausthal mit ausreichend Aufschlagswasser für die dortigen Wasserräder zu versorgen. Die gesamte Fließstrecke bis dorthin durch verschiedene Gräben und Tunnel beträgt mehr als 30 km. Der Graben zapft die zur Ecker entwässernde Abbe an, die aus dem besonders wasserergiebigen Brockenfeld gespeist wird. Heute steht dieses wasserwirtschaftliche Bauwerk unter Denkmalschutz und gehört zum UNESCO-Weltkulturerbe Oberharzer Wasserwirtschaft.

Durch das Große Torfhausmoor

Sattelmoor s. Grafik Seite 122

Bald gelangt man an den Beginn eines Holzbohlenstegs (**68**), der durch den südlichen Bereich des Großen Torfhausmoors führt, welches sich als Sattelmoor in einer Höhenlage zwischen 785 und 800 m ü. NN auf einer Zwischenverebnung des generell nach Norden abfallenden Geländes entwickelt hat. Nach Durchquerung eines Moorfichtenwalds öffnet sich der Blick über das weitgehend baumfreie Hochmoor. Vom Steg aus kann man die Moorvegetation ganz aus der Nähe betrachten, er darf allerdings nicht verlassen werden. Verschiedentlich lassen sich kleine Wasserstellen ausmachen, sogenannte Schlenken, die rinnenartig die offene Moorfläche durchziehen. Es handelt sich aber nicht um Grundwasser, sondern ausschließlich um Regenwasser, dass sich innerhalb des Torfkörpers gesammelt hat.

Der Abbegraben ist Teil eines historischen Dammgraben-Systems.

Seine Sattelstruktur erhält das Moor durch eine nördlich vorgelagerte geringfügige Erhebung. Es wird durch zuströmendes Hangwasser aus südlichen Richtungen gespeist. Allerdings wird ein beträchtlicher Teil des Zuflusses durch den Abbegraben abgefangen. Das Wasser verlässt das Moor in zwei Richtungen, denn die Sattellinie fungiert als Wasserscheide. Im Westen sammelt es sich in mehreren Bächen, die sich zur Radau vereinigen, die durch das Tal östlich von Torfhaus nach Norden Richtung Bad Harzburg fließt. Im Osten sammelt es sich in drei Nebenbächen der Abbe, die Richtung Nordosten fließt und in die Ecker mündet.

Der mineralische Untergrund des Großen Torfhausmoors besteht, wie auch bei den anderen Mooren, die wir auf dieser Wanderung noch zu sehen bekommen, aus einer unter periglazialen Bedingungen gebildeten Verwitterungsschicht. Diese überdeckt den anstehenden Granit und setzt sich aus Gesteinsschutt in einer tonig-schluffigen Matrix zusammen. Die Moorbildung setzte hier früh nach der letzten Eiszeit in der Jüngeren Dryas vor etwa 12 000 Jahren ein. Kulturhistorisch ist das die Zeit der ausklingenden Altsteinzeit kurz vor dem Übergang zur Mittelsteinzeit. Vor etwa 3 000 Jahren hatte das Moor annähernd seine heutigen Ausmaße erreicht, aber auch heute noch setzt sich das Moorwachstum fort. Im Verlaufe seiner Entwicklung hat sich eine im Vergleich zu den meisten anderen Mooren des Hochharzes sehr mächtige Torfdecke entwickelt. Im Bereich des baumfreien Hochmoors ist sie meist deutlich über 2 m mächtig.

periglazial: das Umfeld von Gletschern betreffend

Schluff: Partikel, deren Durchmesser zwischen denen von Tonen und Sanden liegen (2–63 µm)

Stratigraphische Gliederung der Nacheiszeit *s. Tabelle Seite 121*

Die Moore des Hochharzes

Die Entwicklung der Moore des Hochharzes setzte zu unterschiedlichen Zeiten nach dem Ende der letzten Eiszeit vor etwa 12 000 Jahren ein. Voraussetzung für die Bildung von Mooren ist, dass einem Gebiet mehr Wasser zuströmt, als ihm durch Abfluss und Verdunstung verloren geht. Die überwiegend aus südwestlichen bis westlichen Richtungen heranziehenden, atlantisch geprägten Luftmassen regnen sich vor allem an der Luvseite des Brockenmassivs und Acker-Bruchberg-Rückens ab und führen zu Niederschlagsmengen von durchschnittlich mehr als 1 600 mm pro Jahr, weshalb die Mehrzahl der Moore hier anzutreffen ist. Etliche der größeren Harzflüsse entspringen den Mooren östlich und südlich von Torfhaus.

Obwohl an der Basis aller Moore der Brockenregion ein wenige Dezimeter mächtiger Niedermoortorf anzutreffen ist, geht ihre Entstehung nicht auf die Verlandung von Seen zurück, sondern sie haben sich direkt auf dem mineralischen Untergrund gebildet. Erste Moorkerne bildeten sich an Bachläufen und staunassen Hangpartien sowie unterhalb von Quellaustritten, wo kleine Rinnsale und Wasseräderchen breitflächig den Hang überströmt und dort zu Versumpfungen geführt haben. Ausgehend von solchen Moorkernen, vergrößerten sich die vermoorten Flächen im Laufe der Zeit allmählich und wuchsen zusammen.

Kennzeichen der Moorentwicklung ist ein hangaufwärts gerichtetes Wachstum. Gleichzeitig fand auch ein vertikales Wachstum statt, da die ständige Durchfeuchtung den vollständigen oxidativen Abbau abgestorbenen Pflanzenmaterials verhindert und dadurch zu dessen Akkumulation geführt hat. Das unvollständig zersetzte Pflanzenmaterial bildet auch heute noch das Substrat, auf dem die nächste Pflanzengeneration heranwächst. Mit der Zeit entwickelte sich aus den Pflanzenresten unter Beteiligung biochemischer Umsetzungsvorgänge Torf, das erste Produkt eines Prozesses, der „Inkohlung“ genannt wird. Dieser führt zu einer relativen Anreicherung von Kohlenstoff bei gleichzitigem Verlust flüchtiger, vielfach stickstoff- und schwefelhaltiger Verbindungen. Der Gehalt an organischen Substanzen im Torf beträgt mindestens 30 %, der Rest besteht aus Wasser und Mineralstoffen. Moore fungieren da-

Blick vom Steg aus über das Große Torfhausmoor Richtung Brocken; Insets (von links nach rechts): Scheidiges Wollgras (Eriophorum vaginatum), Magellans Torfmoos (Sphagnum magellanicum), Rundblättriger Sonnentau (Drosera rotundifolia).

her nicht nur als herausragende Wasserspeicher, sondern stellen als Kohlenstoffsenke auch ein bedeutendes Regulativ im Kohlendioxidkreislauf dar.
Zu ersten Moorkernbildungen kam es bereits am Ende der Jüngeren Dryas (Jüngere Tundrenzeit), als sich das kalt-trockene Klima während eines letzten Kälterückfalls endgültig zu einem warm-feuchten Klima mit hohen Niederschlägen, moderaten Temperaturen und längeren Vegetationsperioden wandelte und damit das Ende des Pleistozäns (Eiszeitalter) bzw. der Beginn des Holozäns (Nacheiszeit) eingeläutet wurde. Nachfolgend kam es in dichter zeitlicher Abfolge zu zahlreichen weiteren Moorkernbildungen. Die letzten datieren in das Subboreal (Späte Wärmezeit), welches erst vor etwa 2 500 Jahren, kulturgeschichtlich etwa in der frühen Eisenzeit, endete. Das laterale Wachstum der Moore ist weitgehend abgeschlossen, aber bis heute wachsen die Moore jährlich etwa um 1 mm in die Höhe.
Es gibt keine Hinweise darauf, dass das Wachstum der Harzer Moore deutliche Unterbrechungen erfahren hat, wie es beispielsweise durch längere Trocken- oder Kälte-

Stratigraphische Gliederung des Holozäns, Klima- und Waldentwicklung sowie Zuordnung der Kulturstufen.

Zeitalter		Alter [J. v. h.]	Entwicklungen: Klima	Wald	Kulturstufen
Holozän	Jüngeres Subatlantikum (Nachwärmezeit) Älteres	0	trocken u. kühl	Fichten-Zeit Buchen-(Fichten-)Zeit Buchen-Zeit	Neuzeit Mittelalter Völkerwanderungszeit Römische Kaiserzeit Vorrömische Eisenzeit
Holozän	Subboreal (Späte Wärmezeit)	2400	langsame Abkühlung	(Fichten-Eichen-mischwald-)Buchen-Zeit Eichenmischwald-Fichten-Zeit	Bronzezeit Neolithikum
Holozän	Jüngeres Atlantikum (Mittlere Wärmezeit) Älteres	5660	feuchtwarmes Klimaoptimum	Eichenmischwald-(Fichten-)Zeit Eichenmischwald-Zeit	Neolithikum / Mesolithikum
Holozän	Jüngeres Boreal (Frühe Wärmezeit) Älteres	9220	warm u. trocken, kontinental	Kiefern-Hasel-Eichenmischwald-Zeit Kiefern-Hasel-Zeit	Mesolithikum
Holozän	Präboreal (Vorwärmezeit)	10640	Beginn der Klimaerwärmung	Birken-(Kiefern-)Zeit	Mesolithikum
Pleistozän	Jüngere Dryas (Jüngere Tundrenzeit)	11560	Weichsel-Kaltzeit	Tundra bis Waldtundra	Jungpaläolithikum

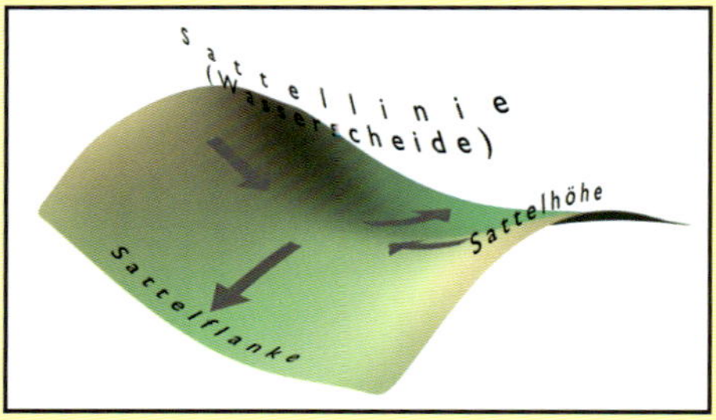

Schematische Darstellung des Reliefs eines Sattelmoors mit Kennzeichnung der Richtung des Wasserzu- und -abflusses.

phasen hätte erfolgen können. Vermoorung und Torfwachstum vollzogen sich ungestört über einen sehr langen Zeitraum. Zwar gab es klimatische Schwankungen, mit Blick auf die Bedingungen für die Moorentwicklung bedeutete dies aber nur einen Wechsel zwischen „günstig" und „herausragend".

Heute handelt es sich ganz überwiegend um regengenährte Hochmoore, d. h., die Pflanzen beziehen ihre Nährstoffe allein aus der Atmosphäre sowie dem Wasser, dass den Mooren mit den Niederschlägen zugeführt wird. Dazu sind allerdings nur sehr wenige Spezialisten in der Lage, weshalb man in diesen Mooren ganz besondere Pflanzenvergesellschaftungen vorfindet. Dieser Moortyp wird auch als Regen-, ombrogenes oder ombrotrophes Moor bezeichnet. Es sind sehr nährstoffarme (oligotrophe) und saure Moore. Der niedrige pH-Wert von meist $<4{,}8$ geht auf die Aktivität der Pflanzenwurzeln, insbesondere der Torfmoose (*Sphagnum* sp.), zurück, die zur Aufnahme der sehr niedrig konzentrierten gelösten Nährstoffe im Austausch große Mengen an Wasserstoffionen freisetzen. Torfmoose sind nicht nur ideal an diese Bedingungen angepasst, sondern sie benötigen diese extremen Verhältnisse sogar, da sie sich in anderen Habitaten nicht gegen Konkurrenten behaupten können. Mit ihren großen Speicherzellen können sie mehr als das 30-fache ihres Trockengewichts an Wasser speichern. Das versetzt sie in die Lage, Trockenzeiten zu überdauern, in denen sie ihren Stoffwechsel auf ein Minimum reduzieren.

Am verbreitetsten sind im Harz Hang- und Sattelmoore. Hangmoore finden sich auf geneigtem Untergrund, während Sattelmoore mit ihren quer zu einer Reliefeinkerbung in entgegengesetzte Richtungen abfallenden Flanken in der Regel zumindest lokale Wasserscheiden bilden.

Früher hatten die Moore eine weitaus größere Ausdehnung, jedoch wurden zur Torfgewinnung vor allem seit dem 18. Jh. große Flächen durch Entwässerung trockengelegt. In der 2. Hälfte des 19. Jh. wurde die Torfgewinnung weitestgehend eingestellt, endgültig aber erst 1970. Moore aller Entwicklungsstadien sind sehr empfindliche Ökosysteme. Selbst kleinste Veränderungen von Zustandsgrößen des Naturhaushalts wirken sich daher nachhaltig auf die Zusammensetzung der Lebensgemeinschaften aus. Einen vorzüglichen Überblick über den Aufbau und die Entwicklung der Moore des Hochharzes sowie ihre Pflanzenvergesellschaftungen bieten BEUG et al. (1999), deren Darstellungen im vorliegenden Buch weitestgehend gefolgt wurde.

Am Ende des Holzbohlenstegs folgen wir dem Goetheweg nach Osten. Die zahlreichen Gräben, die rechts des Wegs in kurzen Abständen auf den Abbegraben zulaufen, wurden angelegt, um dem Graben zusätzliches Wasser zuzuführen, Wasser, das ursprünglich dem Großen Torfhausmoor zusickerte. Heute lässt man diese Stichgräben wieder zuwachsen, um damit die Regeneration des Moors zu fördern. Die braunschwarze bis rostbraune Farbe des Wassers der Gräben und Bäche ist auf seine hohen Gehalte an Huminstoffen zurückzuführen, mit denen es sich bei der Durchsickerung des Moorbodens beladen hat.

Entlang des Brockenfeldmoors

Gut 300 m nach der Einmündung des Kaiserwegs gelangt man zu einer weiteren Wegabzweigung, an der wir den Goetheweg verlassen und uns nach Süden orientieren. Nahe einer Schutzhütte sich links haltend, führt ein steiniger Weg aufwärts an den Felsburgen der Hopfensäcke vorbei an den Südwestrand des Brockenfelds. Das Brockenfeldmoor ist mit einer Fläche von 68 ha eines der größten Moore des Hochharzes. Es hat sich in einer Höhe zwischen 865 und 895 m ü. NN auf einer Verebnung des langen Hangs entwickelt, der sich vom 1034 m hohen Königsberg Richtung Südwesten bis zum Oderbruch auf einer Höhe von ca. 810 m ü. NN ersteckt.

Durch das Brockenfeldmoor verlaufen die Wasserscheiden zwischen den Einzugsgebieten der Abbe und Oder, die beide zum Einzugsgebiet der Weser gehören, sowie der Kalten Bode, die letztendlich in die Elbe entwässert. Die Moorbildung hat hier erst sehr viel später eingesetzt als im Großen Torfhausmoor. Die ältesten Moorkernbildungen wurden in das spätere Boreal vor etwa 9 500 Jahren datiert. Seine heutige Ausdehnung hat es erst im Subboreal und Älteren Subatlantikum ereicht. Die Torfmächtigkeit von meist 1 – 2 m ist erheblich geringer als im Großen Torfhausmoor.

Stratigraphische Gliederung der Nacheiszeit *s. Tabelle Seite 121*

Abstecher zum Bodemoor

Den Weg Richtung Südosten nun weitergehend, bietet sich am „Dreieckigen Pfahl“, einem historischen Grenzstein, ein kurzer Abstecher über den nach Süden führenden Weg (Wegsymbol roter Punkt) zu einer Aussichtsplattform am Ostrand des Bodemoors (**69**) an. Nach etwa 500 m erreicht man eine Art überdachten Hochsitz, der einen weiten Blick in westliche Richtungen über das Moor ermöglicht. Es hat sich in etwa 840 m ü. NN auf einer Hangverebnung entwickelt. Das Relief der Moorbasis ist schildartig aufgewölbt, was sich gut erkennbar auch auf die Gestalt der heutigen Geländeoberfläche durchprägt. Dem östlichen Bereich des Moors entspringt die Große Bode, einer der Quellflüsse der Warmen Bode, der westliche Bereich entwässert Richtung Oder. Auch über das Bodemoor verläuft also die Hauptwasserscheide zwischen Elbe- und Wesereinzugsgebiet.

Zu ersten Vermoorungen kam es hier erst am Ende des Atlantikums vor etwa 6 000 Jahren. Im späteren Subboreal, etwa

Reisermoor-Landschaft des Bodemoors im Übergang zwischen offener Moorfläche und Moorfichtenwald.

3000 Jahre später, endete die Phase der Hauptvermoorung. Die Torfmächtigkeit beträgt meist 1 – 3 m. Etwa 8 ha seiner Gesamtfläche von 20 ha werden von Moorfichtenwald-Beständen eingenommen. Entlang des weiter nach Süden über die Große Bode führenden Holzbohlenwegs bieten sich hervorragende Möglichkeiten, die Pflanzenwelt des Übergangsbereichs zwischen Wald und offener Moorfläche zu studieren. Diese zeichnet sich durch den Übergang von einem Moorfichtenwald zu einer typischen Hochmoorvegetation aus, mit einer vermittelnden Zone, die durch einen lichten Bestand an kleinwüchsigen Fichten und unterschiedlich dicht mit Zwergsträuchern bedeckte Areale gekennzeichnet ist. Solche Pflanzengemeinschaften mit einem hohen Anteil an Zwergsträuchern bezeichnet man als Reisermoorgesellschaften.

Zurück am Dreieckigen Pfahl, erreicht man kurz weiter eine Wegkreuzung mit einer Schutzhütte, in der Info-Tafeln zum Grünen Band und Harzer Grenzweg daran erinnern, dass hier einst die innerdeutsche Grenze verlief. Der weitere Weg Richtung Nordosten führt am Quellbereich der Kalten Bode vorbei, auf den auch eine Holztafel hinweist. Wir befinden uns hier fast unmittelbar am Südostrand des Brockenfeldmoors, von dem aber vom Weg aus nicht viel zu sehen ist. Der Abfluss aus diesem Teil des Moors speist den Bach, zumindest in Zeiten mit einem entsprechenden Wasserüberschuss. In trockeneren Jahreszeiten nimmt das Wasser vielmehr seinen Weg durch die Gesteinsklüfte im Untergrund und füllt das Bett der Kalten Bode erst weiter hangabwärts.

Am Eckersprung

An der Einmündung auf den Goetheweg angelangt, kann man einen kurzen Abstecher zum Rastplatz Eckersprung (**70**) oberhalb der Eckerquelle unternehmen. Von hier aus erstreckt sich das Eckertal mit steilem Gefälle Richtung Norden. Wenn man das Tal den sehr holprigen und im oberen Teil recht steilen Pfad Richtung Scharfenstein hinabgeht, bemerkt man im Bereich eines abnehmenden Gefälles eine zunehmende Vernässung des Untergrunds. Pfützen und kleine Rinnsale, gespeist durch unauffällig aus dem Boden heraussickerndes Wasser, durchziehen hier das satte Grün des Quellbereichs. Erst weiter hangabwärts vereinigen sich die Rinnsale zu einem Bach, der als Ecker der gleichnamigen Talsperre zufließt.

Quellbereich der Ecker unterhalb des Rastplatzes Eckersprung.

Dem Goetheweg Richtung Brocken folgend, wird die Bewaldung nun merklich lichter. Bald trifft der Weg auf die Trasse der Brockenbahn, ab wo er „Neuer Goetheweg“ heißt. Der ehemalige Goetheweg, der der Route folgte, die Goethe bei seiner winterlichen Brockenbesteigung im Dezember 1777 zusammen mit dem Förster Degen ab hier genommen haben soll, ist nicht mehr begehbar. Tatsächlich ist die genaue Route, die die beiden von Torfhaus aus auf den seinerzeit noch vollkommen unerschlossenen Brockengipfel gewählt hatten, nicht bekannt. Bekannt ist aber, dass Goethe seine Erlebnisse und Eindrücke in seinem Gedicht „Harzreise im Winter“ niedergeschrieben und danach den Brocken noch zwei weitere Male bestiegen hat.

Durch das Goethemoor

Der Neue Goetheweg führt bis zur Einmündung auf die Brockenstraße parallel zur Trasse der Brockenbahn. Etwa 800 m nach der Wegumschwenkung aus der Nord- in die Ostrichtung gelangen wir an den Westrand des Goethemoors. Es ist nach dem Moor auf der Heinrichshöhe südöstlich des Brockens das höchstgelegene Sattelmoor des Harzes. Es hat sich zwischen Brocken und Königsberg auf einer Höhe zwischen 980 und 1 014 m ü. NN entwickelt. Die Sattellinie zwischen Brocken und Königsberg bildet eine Hauptwasserscheide zwischen Weser und Elbe. Die Entwässerung erfolgt größtenteils über die

Sattelmoor *s. Grafik Seite 122*

Blick vom Neuen Goetheweg auf den Brockengipfel.

steilere Südostflanke des Sattels zum Eckerloch. Erste Moorkernbildungen datieren ins Boreal, die Hauptphase der Moorkernbildung lag aber erst im Älteren Atlantikum. Im Jüngeren Atlantikum und v. a. im Subboreal erfolgten großflächige Vermoorungen, im Zuge derer die einzelnen Moorbereiche nach und nach zusammenwuchsen.

Weg und Gleise trennen das nördliche Drittel vom Rest des Moors ab. Der Bau der Bahntrasse hat seinen heutigen Zustand stark beeinflusst. Infolge der Entwässerung hat sich der Anteil der offenen Hochmoorflächen auf ein Drittel seiner ursprünglichen Ausdehnung reduziert, der Großteil besteht aus Moorfichtenwald. Nördlich des Wegs nimmt dieser fast die gesamte Fläche ein. Südlich grenzt eine große offene Moorfläche an die Bahntrasse, deren Böschung einen Anschnitt durch den Moorkörper freigibt. Es handelt sich in diesem Bereich um ein ombro-soligenes Hochmoor, was bedeutet, dass Teile des Moors grundwasserbeeinflusst sind und somit Niedermoorcharakter besitzen.

Die Torfmächtigkeit ist generell recht gering, auf mehr als der Hälfte der Fläche beträgt sie weniger als 1 m. Ein größerer

Im Bereich des Goethemoors bietet die Gleisböschung immer wieder Blicke auf den Torfkörper.

Der Gipfelstein des Brockens diente den Geodäten bei der Landesvermessung.

Weganschnitt durch den Torfkörper (**71**) bietet uns die Gelegenheit, uns den aus unterschiedlich stark zersetzten Pflanzenresten bestehenden Torf aus der Nähe anzusehen.

Der Brockengipfel erscheint nun schon zum Greifen nahe. Bis dorthin haben wir aber noch 130 Höhenmeter zu bewältigen. Ab der Einmündung des Neuen Goethewegs auf die Brockenstraße wird es daher nochmals etwas anstrengend. Die Dichte des zunehmend kleinwüchsigeren Baumbestands nimmt deutlich ab, und in einer Höhe von etwa 1 100 m ü. NN überschreiten wir die Waldgrenze und damit auch die Grenze von der hochmontanen zur subalpinen Höhenstufe mit ihren Zwergstrauchheiden.

Auf der Brockenkuppe

Am Gipfelstein angekommen, stehen wir gefühlt auf dem Dach der Welt, dem Ort, um den sich so viele Mythen und Sagen ranken und den Goethe in seinem Drama „Faust I" als Schauplatz der Handlung wählte. Bei entsprechender Fernsicht ist der Ausblick grandios. Den hat sich auch der große Mathematiker, Astronom, Geodät und Physiker Carl Friedrich Gauß bei der Landesvermessung des Königreichs Hannover zwischen 1818 und 1826 zunutze gemacht und den Brockengipfel als Triangulationspunkt eines großen Vermessungsdreiecks mit den weiteren Eckpunkten Hoher Hagen (Landkreis Göttingen, 69 km entfernt) und Großer Inselberg (Thüringer Wald, 106 km entfernt) gewählt. Es diente dazu, die in unterschiedlichen Regionen unabhängig voneinander aufgenommenen Vermessungsdaten miteinander zu verknüpfen.

Eine geführter Besuch des Brockengartens bei der Wetterwarte des Deutschen Wetterdienstes ist botanisch Interessierten unbedingt zu empfehlen.

Botanisch Interessierten sei die Teilnahme an einer Führung durch den Brockengarten empfohlen. Er wurde 1890 vom damaligen Direktor des Botanischen Gartens der Universität Göttingen zu Forschungszwecken angelegt. Heute umfasst der Bestand etwa 1 600 Hochgebirgs- und Tundrenpflanzen aus allen Regionen der Erde. In

Der Brocken – mehr als ein Ort der Extreme

Auch wenn sich die Höhe des Brockens mit 1 141 m ü. NN im Vergleich zu Hochgebirgsregionen eher bescheiden ausnimmt, entsprechen die klimatischen Bedingungen in der Gipfelregion aufgrund der nördlichen Position des Harzes denen auf Island, und in den Alpen sind solche Klimaverhältnisse erst in etwa 2 000 m Höhe anzutreffen. Sie sind gekennzeichnet durch hohe Niederschläge, niedrige Temperaturen, oft sehr hohe Windgeschwindigkeiten, vergleichsweise kurze Sonnenscheindauer und sehr lange Winter, während derer die Gipfelregion des Brockens viele Monate von einer geschlossenen Schneedecke bedeckt ist. Die langjährige mittlere Jahrestemperatur liegt bei nur 3,5 °C. Durchschnittlich 1 800 mm beträgt der jährliche Niederschlag, der an etwa 120 Tagen im Jahr als Schnee fällt. Die meiste Zeit des Jahres ist der Gipfel in Nebel gehüllt. Im Rekordjahr 1958 wurden 330 Nebeltage verzeichnet. Das Wetter kann außerordentlich wechselhaft sein. Aufgrund seiner exponierten Lage können Orkane mit Windgeschwindigkeiten von über 250 km/h über den Brocken hinwegfegen.

Die sich mit der Höhe ändernden Verhältnisse bedingen eine ausgeprägte vertikale Differenzierung des Brockengebiets in unterschiedliche Vegetationszonen. Die Waldgrenze liegt bei 1 100 m ü. NN. In der Gipfelregion überdauert nur eine an die rauen Bedingungen angepasste subalpine Vegetation, die der Nordskandinaviens vergleichbar ist. Zu den Besonderheiten, die deutschlandweit nur hier anzutreffen sind, zählen die Kleine Alpen-Kuhschelle (*Pulsatilla micrantha*), auch Brockenanemone genannt, und das Brocken-Habichtskraut (*Hieracium nigrescens* ssp. *bructerum*). Sie gelten, wie die Zwerg-Birke (*Betula nana*) in den Mooren um den Brockengipfel, als Glazialrelikte, die hier ein letztes Refugium in einem Umfeld eines sich erwärmenden Klimas gefunden haben.

Vor allem im Winter können die Wetterverhältnisse auf dem Brockengipfel extrem rau sein.

Die Brockenregion fungiert als Wetterscheide. An ihren Hängen stauen sich die vorwiegend aus südwestlicher bis westlicher Richtung anströmenden Luftmassen. Bei deren Aufstieg und Abkühlung kondensiert die Luftfeuchtigkeit, was den Hochlagen des Brockengebiets die hohen Niederschläge beschert. In östlichen Richtungen nehmen die Niederschläge rasch ab. Bei Wernigerode betragen sie nur noch <700, und bei Blankenburg gar nur noch <600 mm/a. Der klimasteuernde Einfluss des Harzes reicht nach Osten weit über den Harz hinaus und beschert dem Mitteldeutschen Trockengebiet ein Steppenklima mit <500 mm Niederschlag pro Jahr. Diese Konstellation hat in Verbindung mit den dort verbreiteten Lößablagerungen zur Entwicklung der außerordentlich fruchtbaren Schwarzerdeböden beigetragen.

Die Brockenbahn, ein Transportmittel mit besonderem Ambiente (Foto: M. Karrasch).

Zusammenarbeit zwischen den Botanischen Gärten der Universitäten Göttingen und Halle sowie dem Nationalpark Harz werden hier Untersuchungen zum Biotop- und Artenschutz sowie zur Renaturierung des Brockengipfels durchgeführt. Weitere Informationen zur Tier- und Pflanzenwelt des Nationalparks, aber auch zur bewegten Geschichte des Brockengipfels, bieten die Ausstellungen im Brockenhaus (**106**).

Eine Wanderung über den durch Granitblöcke und Blockhalden verlaufenden Gipfelrundweg führt auch an der Teufelskanzel und am Hexenaltar (**72**) vorbei, dem vermeintlichen Versammlungsort aller Hexen, die in der Walpurgisnacht hier auf dem Blocksberg auf allerlei Fluggerät reitend zusammentreffen, um sich mit dem Teufel zu vermählen. Wie alle Granite in der Umgebung des Brockengipfels bestehen auch diese kleineren Felsformationen aus dem Kern- bzw. Dachgranit, der sich durch seine hellgraue Farbe und mittlere Korngröße auszeichnet. Diese auch als normalkörniger Granit bezeichnete Varietät nimmt den zentralen Teil und große Teile des südlichen und südwestlichen Brockenmassivs ein.

Zur Namensgebung „Teufelskanzel" und „Hexenaltar" *s. auch Seite 75*

Mit diesen Eindrücken und Ausblicken enden unsere Wanderungen durch das Harzgebirge. Nach einer Stärkung im Brockenrestaurant werden die meisten sicherlich mit der Brockenbahn hinabfahren – ein Erlebnis der besonderen Art, dass einem sicherlich lange im Gedächtnis bleiben wird.

Vielgestaltige Landschaften: Die Aufrichtungszone und die Subherzyne Kreidemulde

Die strukturelle Gliederung des Harzvorlands

Schichtrippenlandschaft s. Seite 4

Subherzyne Senke s. Seite 21

Zur mesozoisch-känozoischen Entwicklung s. auch die Zeittafel auf Seite 23

marin: im Meer abgelagert

limnisch: in (Süßwasser-) Seen abgelagert

fluviatil: in Fließgewässern abgelagert

terrestrisch: auf dem Land abgelagert

Die Wanderungen dieses Kapitels führen uns durch die dem nördlichen Harzrand unmittelbar vorgelagerte Schichtrippenlandschaft zwischen Benzingerode im Westen und Ballenstedt im Osten. Deren an der Erdoberfläche zutage tretenden Gesteine dokumentieren die postvariszische Entwicklung eines einstigen Senkungsgebiets, das als Subherzyne Senke bezeichnet wird. In mehrfachem Wechsel kamen marine, limnisch-fluviatile und terrestrische Sedimente, aber auch Evaporite zur Ablagerung. Die Mächtigkeit dieses sogenannten Deckgebirges, bestehend aus den das variszisch deformierte Grundgebirge überlagernden Gesteinen des Zeitraums zwischen Zechstein und Oberkreide, erreicht in der Subherzynen Senke 3 – 4 km. Letztere ist durch mehrere NW – SE-orientierte Schollen weiter untergliedert. Die südlichste, die etwa 90 km lange und 5 – 11 km breite Halberstadt-Blankenburger Scholle, wird auch als Subherzyne Kreidemulde bezeichnet und repräsentiert ein besonders tief eingesenktes Teilbecken innerhalb der Subherzynen Senke. Wie der Name vermuten lässt, treten hier oberflächlich oder unter quartärer Überdeckung kreidezeitliche Gesteinsschichten in weiter Verbreitung auf.

Auch die Subherzyne Kreidemulde ist in sich nochmals in verschiedene, wiederum NW – SE-orientierte Strukturen untergliedert. In ihrem südöstlichen Teil, in dem unser Exkursionsgebiet liegt, trennt der Quedlinburger Sattel – heute morphologisch eine von Härtlingszügen aus unterkreidezeitlichen Gesteinen umrahmte Muldenstruktur – die Blankenburger Mulde im Südwesten von der Halberstädter Mulde im Nordosten.

Die geologische Entwicklung des unmittelbaren Harzvorlands bis hin zum heutigen Landschaftsbild wurde ganz wesentlich durch die Hebungsgeschichte des Harzes beeinflusst. Lokale Unterschiede bei der Heraushebung einerseits, und der sich weiterhin vollziehenden Eintiefung des vorgelagerten Sedimentationsraums andererseits trugen zu den häufigen Veränderungen der Küstenlinie und Wassertiefen bei.

Die Saxonische Gebirgsbildung

Die Gesamtheit der wirksamen tektonischen Vorgänge, die sich zwischen den ersten Anzeichen der Harzhebung in der Trias und der höheren Oberkreide ereigneten, bezeichnet man als Saxonische Bewegungen oder auch als Saxonische Gebirgs-

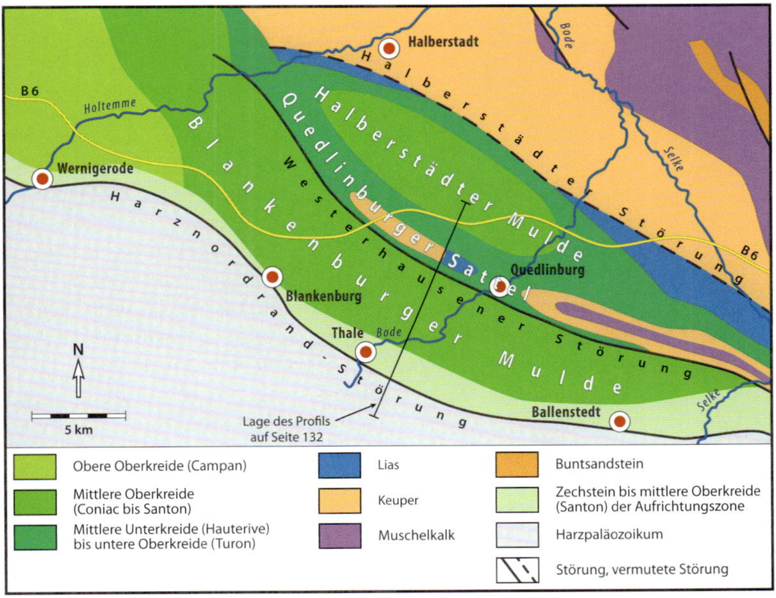

Geologische Karte der südöstlichen Subherzynen Kreidemulde (ohne quartäre Ablagerungen). Verändert nach FRANKE (2016).

bildung. Sie umfasst sowohl die lange Phase, in der vorwiegend durch Salzabwanderung im Untergrund bedingte dilatative Bewegungen vorherrschten, als auch die vergleichsweise kurze Kompressionsphase, in der sich die Heraushebung des Harzblocks und dessen Überschiebung über sein nördliches Vorland in der Hauptsache vollzogen. Letztere wird auch als Subherzyne Phase der Saxonischen Gebirgsbildung bezeichnet.

Zur Hebungsgeschichte des Harzes s. auch Seite 22

Durch die Schichtrippenlandschaft zwischen Blankenburg und Ballenstedt

Dieses Kapitel stellt ausgewählte Lokalitäten der Schichtrippenlandschaft zwischen Blankenburg und Ballenstedt als Einzelpunkte vor, die uns aufs Eindrucksvollste den Zusammenhang zwischen geologischem Bau des Untergrunds, Gesteinsbeschaffenheit und heutigem Relief offenbaren. Wie überall in der Aufrichtungszone, so gilt auch hier, dass die bei der nordwärts gerichteten Überschiebung des Harzblocks auf sein Vor-

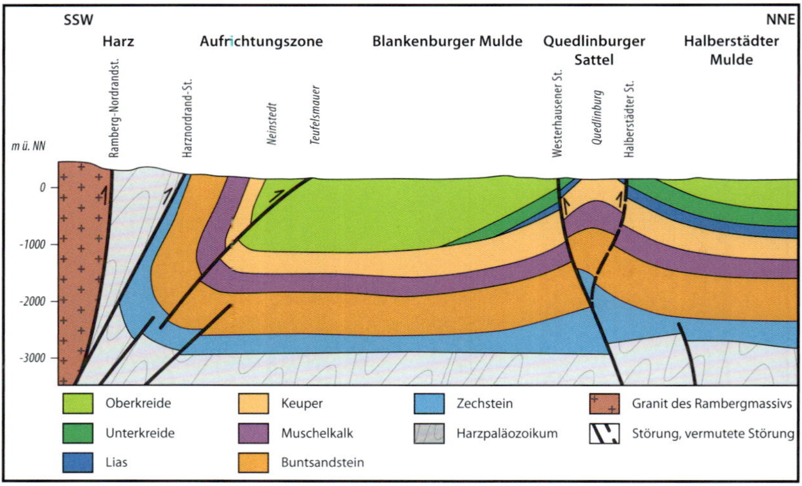

Profilschnitt durch die südöstliche Subherzyne Kreidemulde. Verändert nach GEOLOGISCHES LANDESAMT SACHSEN-ANHALT (1998); nicht überhöht.

land steil gestellten Gesteinsschichten mit zunehmender Entfernung vom Harzrand immer jünger werden.

Oolith (Rogenstein) s. Seite 150

Werksteinbänke s. Seite 145

Mergel: kalkhaltiges toniges Sediment

Salinargestein: Evaporit; durch Eindampfung ausgefälltes Salzgestein

Geradezu modellhaft ausgebildet und landschaftlich ausgesprochen reizvoll ist die Schichtrippenlandschaft zwischen dem Harzrand bei Stecklenberg und der Teufelsmauer bei Neinstedt (**74**). Gesteine aus dem Zeitraum zwischen Zechstein und der Oberkreide sind hier anzutreffen. Als Härtlingsbildner treten v. a. Einschaltungen von Kalksandsteinbänken und oolithischen Horizonten im Unteren Buntsandstein (Elzeberg, Silgenstieg), der Untere Muschelkalk mit seinen Werksteinbänken (Kahlen-, Klötze- und Münchenberg), Kalksteine des Oberen Muschelkalks (Rumberg) sowie verkieselte Sandsteine der Oberkreide (Teufelsmauer bei Neinstedt) in Erscheinung. Demgegenüber hatten tonige, mergelige und Salinargesteine der Verwitterung und Erosion nur wenig Widerstandskraft entgegenzusetzen, sodass sich in deren Ausstrichbereichen Senken bildeten.

Der Mammutbruch am Elzeberg bei Stecklenberg

Unser erstes Ziel ist ein alter Steinbruch am Südhang des Elzebergs etwa 1,3 km Luftlinie nordwestlich von Stecklenberg. Der Elzeberg wird aus Gesteinen des Unteren und Mittleren Buntsandsteins aufgebaut, an die sich südlich ein schmaler Ausbiss des Zechsteins anschließt, in dem der sogenannte Mam-

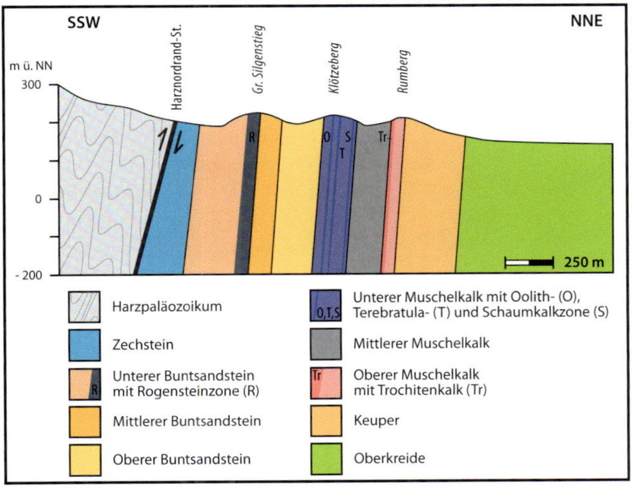

Profilschnitt durch die Schichtrippenlandschaft zwischen dem Harzrand bei Stecklenberg und Neinstedt; 2-fach überhöht.

mutbruch (**73**) liegt. In dem recht großen, sich in W – E-Richtung erstreckenden Bruch wurde bis zu Beginn des letzten Jahrhunderts Gips abgebaut. Sein Name geht auf einen nicht mehr zu überprüfenden Bericht über angebliche Funde von Knochen eiszeitlicher Tiere zurück. Es ist der derzeit wohl beste Zechsteinaufschluss am gesamten nördlichen Harzrand.

Vom nördlichen Ortsausgang von Stecklenberg Richtung Neinstedt aus ist er über einen über Wiesen und an Obstbäumen vorbeiführenden Weg zu erreichen, der etwa 300 m nach der Zufahrt zum Schlosscafé Richtung Westen von der Hauptstraße abzweigt. Nach etwa 700 m hält man sich an einer Weggabelung nahe des Waldrands rechts. Kurz bevor der nun nach Nordwesten führende Schotterweg den Reineckenbach überquert, weist eine Dennert-Tanne am Beginn des zum Bruchgelände führenden Hohlwegs auf den einstigen Steinbruchbetrieb hin.

In dem Steinbruch stehen Anhydrit, Gips, Mergel und Dolomite an. Es sind die ältesten Gesteine, die in der Aufrichtungszone anzutreffen sind. Der abgebaute Gips ($CaSO_4 \cdot 2\,H_2O$) ist durch Wasseraufnahme aus Anhydrit ($CaSO_4$) hervorgegangen. Der Anhydrit bzw. Gips ist an der Südseite des östlichen Bruchgeländes gut aufgeschlossen. Die Gesteinsbänke fallen mit etwa 75° nach Südsüdwesten ein, sie stehen hier also in

Dolomit *s. Kasten Seite 136*

Anhydrit als Lesestein im Mammutbruch.

überkippter Lagerung an. Unverwittert ist der Anhydrit ein recht hartes, dunkel- bis hellgraues Gestein, dessen Bänke teils eher massig, teils unterschiedlich kristallin ausgebildet sind. Durch den Wechsel der Grautöne, hervorgerufen durch variierende Beimengungen von Ton oder organischen Substanzen, erscheint es etwas gebändert. Zu Gips umgewandelter Anhydrit ist dagegen weich und verwittert zu einem weißlichen Pulver. Bei genauerem Betrachten lassen sich gangartige Adern von Fasergips entdecken, die die Bänke in unterschiedliche Richtungen durchqueren. Der Anhydrit ist Teil des ältesten Eindampfungszyklus, der Werra-Folge, dementsprechend wird er als Werra-Anhydrit bezeichnet.

Im oberen Bereich der Ostwand erkennt man eine muldenartige, mit mehr oder weniger gut geschichtetem Lockermaterial ausgefüllte Struktur. Es handelt sich um einen Querschnitt durch einen Erdfall. Wie die Kalkgesteine des Elbingeröder Komplexes neigen auch die Salinargesteine des Zechsteins in starkem Maße zu Verkarstung. Auch hier vollzog sich diese hauptsächlich unter den feuchtwarmen Klimaverhältnissen des Tertiärs. Das Sickerwasser schuf und erweiterte sich Wegsamkeiten in den leichten löslichen Gesteinen. Auf diese Weise konnten beträchtliche Hohlräume entstehen, die irgendwann

Zur Verkarstung s. Kasten Seite 44

Die Ostwand des Mammutbruchs am Elzeberg schließt einen Querschnitt durch einen Erdfall auf.

einstürzten. Im unteren Bereich des Aufschlusses an der Nordwand nahe der Nordostecke ist eine Aushöhlung mit glatt geschliffenen Wänden zu erkennen, die die Gesteinsbänke annähernd senkrecht durchschlägt. Nach Auffassung des Autors handelt es sich um eine angeschnittene Karstschlotte, durch die einst das Sickerwasser dem Grundwasser zuströmte.

Die lösungsbedingte Stoffabfuhr hatte vielfach beträchtliche Auswirkungen auf den Gesteinszusammenhalt. Das lässt sich ebenfalls an der Nordwand gut erkennen, wo über dem Anhydrit/Gips hellbräunliche Gesteine mit einem stark brekziösen Charakter folgen. In einer mergeligen Grundmasse liegen in wechselnden Anteilen kantige Bruchstücke festerer Mergel, mergeliger Kalke und Dolomite, durchweg aber auch Quarzsande und sehr unterschiedlich große Gerölle verschiedener Harzer Gesteine. Letztere stellen tertiäre und quartäre Erosionsprodukte des Harzgebirges dar, die in die entstandenen Hohlräume gestürzt sind oder eingeschwemmt wurden.

Brekzie: durch ein Bindemittel verfestigte eckige Gesteinsbruchstücke

Oberhalb der brekziösen Mergel und Dolomite streichen hellgrau-gelbliche Gesteine aus, gut zu sehen im westlichen oberen Bereich der Nordseite. Sie werden petrographisch meist als Dolomit angesprochen, aber zumindest für die oberflächlich anstehenden Partien ist diese Bezeichnung unzutreffend, denn sie bestehen dort überwiegend aus kristallinem Kalk. Das Gestein ist ebenfalls stark brekziös, zudem ist es von zahlreichen kleinen und größeren Hohlräumen durchsetzt. Deren Bildung ist auf die Herauslösung leicht löslicher Komponenten oder Bereiche zurückzuführen. Zu der Zerrüttung hat sicherlich auch die verwitterungsbedingte Umwandlung von

Brekziöser und von Lösungshohlräumen durchsetzter Zechsteinkalk bzw. -dolomit an der westlichen Nordwand des Mammutbruchs.

Dolomitisierung und Dedolomitisierung

Dolomit ist eine Bezeichnung sowohl für ein Mineral ($CaMg(CO_3)_2$) als auch für das aus diesem Mineral bestehende Gestein. Dolomitminerale bilden sich, anders als beispielsweise Calcit, nur unter extrem selten gegebenen Bedingungen durch direkte Ausfällung. Eine primäre Dolomitbildung und -sedimentation gibt es daher praktisch nicht, Dolomite bilden sich erst durch postsedimentäre Umwandlung aus Kalkstein. Diese kann sich bereits frühdiagenetisch im noch unverfestigten Sediment vollziehen, häufiger erfolgt sie aber erst spätdiagenetisch im bereits verfestigten Sediment unter dem Einfluss magnesiumreicher Porenwässer.
Die Umwandlung von Calcit zu Dolomit ist mit einer Volumenverminderung von mehr als 10 % verbunden, wodurch sich bei einer spätdiagenetischen Dolomitisierung die Porosität des Gesteins erhöht. In die offenen Poren ragen die neu gebildeten Dolomitkristalle mit gut ausgebildeten Kristallflächen, welche den spätdiagenetischen Dolomitgesteinen ihren charakteristischen, vielfach als zuckerkörnig beschriebenen Glanz verleihen.
Nicht selten vollzieht sich unter dem Einfluss der Verwitterung der umgekehrte Vorgang, nämlich dass sich Dolomitminerale in Calcit umwandeln. Dieser Prozess wird als Dedolomitisierung bezeichnet, die entsprechenden Gesteine als Dedolomite. Die hiermit verbundene Volumenänderung trägt zu einer Verminderung des Gesteinszusammenhalts bei. Zusammen mit Verkarstungsvorgängen bewirkt sie die im Mammutbruch (**73**) zu beobachtende sehr starke Zerrüttung des Gesteins.

Dolomit zu Calcit beigetragen, die hier angenommen wird. Einige der Kalk- bzw. Dolomitbänke sind durch einen gewissen Gehalt an organischer Substanz dunkler grau bis schwarz gefärbt. Beim Anschlagen wird man einen scharfen Geruch nach Bitumen bemerken, weshalb dieses Gestein als „Stinkkalk“ bzw. „Stinkdolomit“ bezeichnet wird.

Die Zechsteinkalke bzw. -dolomite wurden, wie auch die brekziösen Mergel und Dolomite, in einem jüngeren Eindampfungszyklus gebildet als der Werra-Anhydrit. Vermutlich sind sie in die Staßfurt-Folge, den zweiten Eindampfungszyklus, zu stellen, denn später verlagerten sich die Zentren der Evaporitbildung weiter nach Norden, sodass jüngere Zechsteinfolgen in unserem Gebiet keine bedeutende Rolle spielen.

Beginn des Teufelsmauerstiegs am Parkplatz an der Bode in Neinstedt.

Unser nächstes Ziel ist die Teufelsmauer bei Neinstedt (**74**), eines der ältesten Naturschutzgebiete Deutschlands. In Neinstedt sei ein kurzer Abstecher zur St. Katharinenkirche auf dem Kirchberg (**75**) empfohlen, nicht allein wegen des schönen Ausblicks über den

Ort und auf die Teufelsmauer, sondern auch wegen der Findlinge, die auf ihrem Vorplatz aufgestellt wurden und teilweise als Baustein Verwendung fanden. Es sind kristalline Gesteine, die die Gletscher im Pleistozän von Skandinavien bis an den Harzrand transportiert hatten.

Eiszeitliche Findlinge an der St. Katharinenkirche in Neinstedt.

Die Teufelsmauer erreicht man von einem an der Straße nach Weddersleben am nördlichen Ortsrand von Neinstedt gelegenen Parkplatz über den sogenannten Teufelsmauerstieg. Der Anstieg auf den Kamm des aus oberkreidezeitlichen Sandsteinen aufgebauten Höhenrückens führt am Teufelsmauergarten vorbei. Der in den letzten Jahren vom Förderverein Teufelsmauer Weddersleben e. V. angelegte und gepflegte Garten bietet Besuchern Einblicke und Informationen über die botanischen und zoologischen Besonderheiten dieses einzigartigen Landschaftsteils mit seinem vielgestaltigen Mosaik an Biotoptypen.

Die Teufelsmauer bei Neinstedt

Zur Harzregion während der Eiszeiten s. auch Kasten Seite 95

Früher konnte man sich die Entstehung zahlreicher Naturphänomene nicht recht vorstellen. Oft verdächtigte man Riesen, im Spiel oder im Fortgang eskalierender Zwistigkeiten, mit Steinen um sich zu werfen, um sich beispielsweise die Herkunft der Findlinge aus fremdartigen Gesteinen zu erklären, oder aus welchen Gründen auch immer gewaltige Felsmauern zu errichten. Meist aber wurden die Phänomene als Resultat der endlosen Zankereien zwischen dem Teufel und dem Herrgott erklärt, was in der Regel ebenfalls mit einer Freisetzung enormer Menge an physischer Energie verbunden war. Ein entsprechender Erklärungsansatz zur Entstehung der Teufelsmauer ist auf einer Info-Tafel am Parkplatz vorgestellt.

Blick vom Aussichtspunkt Lämmertrift auf dem Münchenberg auf die Teufelsmauer bei Neinstedt; dahinter liegen Warnstedt mit seiner unmittelbar bei der Mühle liegenden Sandgrube sowie der Kleine und Große Rönneberg, der Hoppelberg rechts im Bild markiert die Nordwestspitze des Quedlinburger Sattels.

Blick von der Teufelsmauer bei Neinstedt in nordwestliche Richtung.

söhlig, saiger: waagerecht liegend bzw. senkrecht stehend

Zur Hebungsgeschichte des Harzes *s. Seite 22 u. 130*

Die zwischenzeitlich erzielten Fortschritte auf dem Gebiet der geowissenschaftlichen Forschung erlauben mittlerweile eine etwas differenziertere Betrachtung der Situation. Wir befinden uns hier am äußersten Rand der Aufrichtungszone. Nördlich von hier erstreckt sich bis zum Quedlinburger Sattel der Südostabschnitt der Blankenburger Mulde, in der die Sedimente in normaler, d. h. mehr oder weniger söhliger Lagerung vorliegen. Sofern nicht von quartären Bildungen überlagert, treten in ihr dieselben Sandsteine zutage wie hier an der Teufelsmauer. Sie gehören der Heidelberg-Formation an und werden als Heidelberg-Sandstein bezeichnet. Zeitlich umfasst die Heidelberg-Formation das oberste Mittel-Santon und das Ober-Santon. Die Angaben zur Mächtigkeit variieren, sie dürfte im Bereich von etwa 300 m liegen. Die Heidelberg-Schichten sind die jüngsten Ablagerungen, die in die intensiven Deformationen während der Überschiebung des Harzblocks auf sein Vorland einbezogen wurden.

In der Oberkreide hatte der Meeresspiegel seinen Höchststand erreicht. Die Ablagerungsbedingungen innerhalb der Blankenburger Mulde waren im Ober-Santon räumlich und zeitlich aber nicht gleichförmig. Während die Heidelberg-Schichten weiter westlich, in der Region zwischen Derenburg und dem Regenstein (**91**), rein sandig ausgebildet sind, sind den Sandsteinen weiter östlich Tonlagen und auch Kohlenflöze zwischengeschaltet. Vielfach nimmt man eine Sandbarre an, die einen lagunären Bereich mit ruhigeren Ablagerungsbedingungen im Südosten, etwa östlich der Linie Blankenburg – Westerhausen, gegen einen offenen Beckenbereich im Nordwes-

Die Teufelsmauer bei Neinstedt – ein besonderer Naturraum mit vielen Extremen

Der verkieselte Heidelberg-Sandstein wurde vielerorts zur Gewinnung von Baumaterial gewonnen, so auch hier im westlichen Teil der Teufelsmauer bei Neinstedt. Bereits Mitte des 19. Jh. begann man sich Sorgen um den Erhalt dieses einzigartigen Naturdenkmals zu machen, das seit jeher die Menschen faszinierte. 1852 wurde es daher unter Schutz gestellt. Heute hat sich das Schutzziel mehr in Richtung des Erhalts der Teufelsmauer und seiner unmittelbaren Umgebung als besonderer Lebensraum für die Tier- und Pflanzenwelt verlagert. Das 135 ha große Naturschutzgebiet erstreckt sich Richtung Süden bis an die Bode.

Die kalkfreien und an verwitterbaren Silikaten armen Sande sind ausgesprochen nährstoffarm. Da zudem Niederschlagswasser sehr schnell versickert, trifft man hier auf Lebensgemeinschaften von Spezialisten, die an die extremen Standortbedingungen angepasst sind. Darüber hinaus zeichnet sich das Gebiet durch kleinklimatische Besonderheiten aus. Zwischen den Nord- und Südhängen bestehen große Gegensätze. Die sonnenzugewandten Südhänge sind den vorherrschenden Westwinden ausgesetzt, die für eine ständige Umlagerung der Sand- und Humuspartikel sorgen. Am Felsfuß herrscht ein binnendünenartiges Kleinklima. Sofern auf den Sanden direkt unterhalb der Felsen überhaupt eine Bodenbildung stattfinden konnte, ist die Humusschicht nur äußerst geringmächtig entwickelt. Fels- und Sandfluren mit einer Trockenrasen- bzw. Sandmagerrasenvegetation bestimmen das Bild der südexponierten Hänge.

Vom Kamm über den von Abtragsmassen bedeckten Hang und die lößbedeckten Flächen bis in die Bodeaue haben sich unterschiedliche Böden entwickelt. Von unmittelbar auf dem unverwitterten Sand bzw. Sandstein liegenden initialen Humusbildungen über Podsole, Braun- und Fahlerden bis zu grundwasserbeeinflussten Gleyen sind alle Übergängen anzutreffen. Die unterhalb des Kammwegs gelegene Streuobstwiese mit alten hochstämmigen Kirschbäumen bietet nicht nur der Vogelwelt, sondern auch einer thermophil geprägten Insektenwelt einen Lebensraum.

Auf dem wind- und sonnenabgewandten Nordhang hat sich an den Steillagen Heidekraut angesiedelt. Im Windschatten der Teufelsmauer sind die Böden nährstoffreicher, da eingewehte Löß- und Humuspartikel hier akkumuliert werden. Dadurch sind in diesem Bereich die Voraussetzungen für eine schnellere Bewaldung durch Pioniergehölze günstiger als auf der Südseite.

ten abtrennte. Zeitweilige Aussüßung, Meereseinbrüche und die Akkumulation von Pflanzenresten, die vom nahen Festland oder von Inseln stammen, bestimmten hier die Lebens- und Ablagerungsbedingungen und damit auch die lithologische Ausprägung der Sedimente.

lithologisch: die Beschaffenheit von Sedimentgesteinen betreffend

Konglomerat: durch ein Bindemittel verfestigte rundliche Gesteinsbruchstücke

Der eigentliche Heidelberg-Sandstein ist vorwiegend mittelkörnig, kalkfrei und von weißer oder durch Anreicherungen von oxidischen Eisenverbindungen gelblicher bis dunkelbrauner Farbe. Zuweilen enthält er konglomeratische Lagen, mithilfe derer sich die Schichtung des Gesteins sicher bestimmen lässt. Da die ihn einst überlagernden Sedimente nur von

In der Sandgrube bei Warnstedt wird der Heidelberg-Sandstein als kaum verfestigter Sand gewonnen.

Profilschnitt durch die südöstliche Subherzyne Kreidemulde s. Seite 132

sehr geringer Mächtigkeit waren, ist er diagenetisch nur wenig verfestigt worden. In einer Grube nahe der Warnstedter Mühle (**76**) am südöstlichen Ortsrand von Warnstedt, nur 300 m von der Teufelsmauer entfernt, wird er zur Sandgewinnung abgebaut. Die dort vielfach schräg geschichteten Sandsteine fallen mit maximal 10° nach Südwesten ein, die Grube liegt also bereits auf dem langen Nordschenkel der im Querschnitt sehr asymmetrisch geformten Blankenburger Mulde. Hier an der Teufelsmauer aber ist der Sandstein in einer mehrere Meter breiten Zone aufs intensivste verfestigt worden.

Um zu verstehen, weshalb es zu dieser starken Verfestigung gekommen ist, müssen wir uns vergegenwärtigen, dass wir hier quasi im Scharnier stehen, wo auf kürzeste Entfernung die mit etwa 80° nach Nordosten einfallenden Schichten in eine annähernd söhlige Lagerung umbiegen. Bei diesem fast knickhaften Umbiegen sind sie mechanisch stark beansprucht worden, sodass Wegsamkeiten für den Aufstieg kieselsäurereicher Diagenesewässer geschaffen wurden, die in großer Tiefe ausgetrieben wurden. Im Porenraum und in den Klüften des Sandsteins führte die Wiederausfällung der Kieselsäure zu einer Silifizierung, wodurch die zuvor relativ losen Sandkörner fest miteinander zementiert wurden. Innerhalb einer etwa 5 – 10 m mächtigen, intensiv verkieselten Zone wurde der Porenraum vollständig ausgefüllt. Aus dem schwach verfestigten Sandstein ist auf diese Weise ein Quarzit entstanden. Wasser, Wind und Eis haben später diese sehr widerstandsfähige Sandsteinzone durch Erosion des angrenzenden weicheren Gesteins herausmodelliert.

Die Felsformation „Hamburger Wappen" auf der Teufelsmauer nahe Timmenrode.

Die Teufelsmauer bei Blankenburg

Die Teufelsmauer bei Neinstedt setzt sich nach Nordwesten über die Mittelsteine bis zum Lüdershornberg fort. Danach unterbricht das Tal des Jordansbachs den Höhenzug, aber bereits ab nördlich Timmenrode bis zum Stadtrand von Blankenburg beherrscht er wieder das Landschaftsbild. Eine Wanderung über den teilweise felsigen Kammweg zwischen dem besteigbaren Großvaterfelsen (**77**) am Rande Blankenburgs im Westen und der Felsformation „Hamburger Wappen" (**78**) bei Timmenrode im Osten ist ein besonderes Erlebnis.

Die Gegensteine von Ballenstedt

Auch die massigen Sandsteinmauern der Gegensteine (**79**) nördlich von Ballenstedt, die das östliche Ende der Teufelsmauer markieren, stellen ein sehenswertes Ausflugsziel dar. Die Gegensteine liegen nahe des Südostrands der Blankenburger Mulde, wo sich der Ausstrich der kreidezeitlichen Gesteinsschichten Richtung Osten mit umlaufendem Streichen zunehmend vom Harzrand entfernt. Der Höhenrücken, dem die Felsformationen aufsitzen, streicht bereits in ENE–WSW-Richtung. Hier ist es nicht der Heidelberg-Sandstein des Santons, sondern der etwas ältere Involutus-Sandstein des Coniacs, der durch die aufsteigenden kieselsäurereichen Wässer zementiert wurde. Benannt ist der Sandstein nach dem Leitfossil dieses Gesteins, der Muschel *Inoceramus involutus*.

Geologische Karte der südöstlichen Subherzynen Kreidemulde s. Seite 131

Verkieselung s. Seite 140

In unverkieseltem Zustand ist der Involutus-Sandstein recht mürbe und wurde in zahlreichen Gruben als loser Sand abgebaut. Seine Farbe ist weiß oder durch Eisenbeimengungen gelblich. Die Korngröße variiert zwischen fein- und grobsandig, verschiedentlich lassen Konglomeratlagen die Schichtung in dem

Blick vom Park der Roseburg zwischen Ballenstedt und Rieder Richtung Nordosten auf den Kleinen und Großen Gegenstein.

ansonsten dickbankigen Gestein gut erkennen. Im Hohlweg östlich des Großen Gegensteins sowie in den Brüchen beiderseits des Hohlwegs ist das Gestein in unverwittertem Zustand aufgeschlossen. Auch der Involutus-Sandstein war, wie der Heidelberg-Sandstein, ein begehrter Werkstein, sofern er infolge der Verkieselung eine ausreichende Festigkeit erlangt hatte.

durchtrümert: von dünnen Gängen durchsetzt

Im Unterschied zur Teufelsmauer bei Neinstedt erkennt man an den Oberflächen der Sandsteine vielfach ein dichtmaschiges Geflecht aus dünnen, sich durchkreuzenden Gängchen, die deutlich härter und verwitterungsresistenter als der von ihnen durchtrümerte Sandstein sind. Diese wabenartig aus der Gesteinsoberfläche hervortretenden, intensiver verkieselten Strukturen zeichnen die unterschiedlichen Kluftrichtungen des Gesteins nach.

Wabenartiges Geflecht quarzitischer Gängchen im Sandstein der Gegensteine.

Die Oberflächen der Felsen sind großenteils dunkelgrau bis schwarz gefärbt. Die aufsteigenden Diagenesewässer, die zu der Silifizierung geführt hatten, waren außer mit Kieselsäure auch mit gelöstem Eisen und Mangan beladen. Diese wurden ebenfalls im Porenraum ausgeschieden und konnten bei entsprechender Anreicherung auch zur Zementation des Sandsteins beitragen. Durch eindringendes Wasser wurden sie später partiell gelöst und bei der nachfolgenden Wiederaustrocknung mit dem Porenwasser an die Oberfläche des Gesteins transportiert, wo sie ausgeschieden wurden. Durch unzählige Wiederholung dieses Vorgangs bildete sich im Laufe der Zeit eine mit Eisen- und Manganoxiden und -hydroxiden angereicherte Kruste.

Keinesfalls sollte man sich den nach allen Seiten offenen Ausblick vom Großen Gegenstein entgehen lassen. Über eine in das Gestein gehauene Treppe gelangt man hinauf. Die Viktorshöhe im Rambergmassiv, der Brocken, die Teufelsmauer bei Neinstedt (**74**), der Regenstein (**91**) bei Blankenburg sowie Quedlinburg sind gut zu erkennen. Der Blick reicht über die gesamte Blankenburger Mulde und teilweise über die Südflanke des Quedlinburger Sattels mit den Seweckenbergen im Südosten und dem Hoppelberg bei Langenstein im Nordwesten hinaus.

Panoramablick vom Großen Gegenstein *s. Foto Seite 4/5*

Besuchern dieses Teils des Harzrands seien zwei weitere Lokalitäten empfohlen, die in selten anschaulicher Weise Querschnitte durch die steil gestellten Gesteinsfolgen der Schichtrippenlandschaft bieten. Am unmittelbar nördlich von Gernrode gelegenen Bückeberg befindet sich weithin sichtbar ein großer aufgelassener Steinbruch im Unteren Muschelkalk (**80**). Der Zufahrtsweg zweigt von der Straße nach Rieder gut 200 m nach der Querung der Gleise der Selketalbahn nach links ab. Entlang der langen Nordwand blickt man auf die Unterseite der überkippten Schichten. Besonders eindrucksvoll aber ist die Westwand des Steinbruchs, die einen Großteil der Wellenkalk-Folge aufschließt. Im südlichen Teil sind die Schichten steil gestellt, aber normal gelagert, im nördlichen Teil sind sie überkippt. Dazwischen liegt eine Zone, in der die Gesteinsschichten saiger stehen. Aufgeschlossen sind hier von Süd nach Nord fast der gesamte Mittlere Wellenkalk, die beiden Terebratulabänke, der Obere Wellenkalk sowie die untere der beiden Schaumkalkbänke.

Der Steinbruch am Bückeberg bei Gernrode

Profilschnitt durch die Schichtrippenlandschaft *s. Seite 133*

Terebratulazone *s. Seite 145*

Der eigentliche Wellenkalk ist oberflächlich hellgrau, in frischem Anschlag jedoch blaugrau. Er ist recht hart und bricht splittrig. Er ist ein meist dünnplattiger, sehr feinkörniger merge-

Die Westwand des Steinbruchs am Bückeberg schließt ein fast vollständiges Profil der Wellenkalk-Folge des Unteren Muschelkalks auf.

Nahansicht eines Ausschnitts des Oberen Wellenkalks an der Westwand des Steinbruchs am Bückeberg.

liger Kalkstein, der in flachmarinem Wasser abgelagert wurde, nachdem sich mit Beginn des Muschelkalks eine dauerhafte Verbindung des Germanischen Beckens mit der Tethys etabliert hatte. Daneben treten auch grobkörnigere Bänke auf, die teilweise aus zerriebenen Resten v. a. von Mollusken- und Brachiopodenschalen, aber auch von Seelilienstielgliedern bestehen. Seine Bezeichnung verdankt er seinem auffälligen Erscheinungsbild, das als flaserig, knauerig, plattig oder wellig beschrieben wird.

Als Ablagerungsraum werden vielfach der Küste vorgelagerte Karbonatplattformen angenommen, auf denen die im Allgemeinen ruhige Sedimentation durch zwei häufiger auftretende Ereignisse gestört wurde. Zum einen waren dies durch schwere Stürme verursachte Wellen, die den Meeresboden erreicht und dabei großräumig den Kalkschlamm aufgewirbelt haben. Nach Abklingen des Sturms hat sich die Suspensionswolke wieder abgesetzt. Tempestite nennt man solche Sturmsedimente. Schalenreste, die zu schwer waren, um aufgewirbelt zu werden, reicherten sich dagegen durch den Forttrag feinerer Partikel an und bilden heute die oben beschriebenen grobkörnigeren organodetritischen Partikelkalke.

Germanisches Becken s. Grafiken Seite 20 u. 21

Mollusken: Weichtiere; Tierstamm, zu dem u. a. Muscheln, Schnecken und Ammoniten gehören

Brachiopoden: Armfüßer; zweiklappige Tiere, mit Stiel am Untergrund festsitzend

Zum anderen nimmt man eine Häufung von Seebeben an, die zu Gleitvorgängen im Sediment geführt haben, wodurch das primäre Sedimentgefüge ausgelöscht wurde. Diese Umlagerungsvorgänge sind auch der Grund dafür, dass man im Wellenkalk außer in wenigen dünnen Bänken kaum Fossilien findet. Häufiger dagegen ist das Spurenfossil *Rhizocorallium*, eine meist auf der Schichtfläche liegende U-förmige Fressspur oder ein Grabgang eines bisher unbekannten Bewohners des Meeresbodens. Oft werden Krebstiere als Erzeuger dieser sogenannten Spreitenbauten vermutet.

Die Wellenkalk-Folge wird als Resultat dreier sedimentärer Großzyklen gedeutet, wobei die Sedimente innerhalb eines Zyklus Bildungen zunehmend flacheren Wassers sind. Unterer, Mittlerer und Oberer Wellenkalk schließen nach oben jeweils

Rhizocorallium aus dem Unteren Muschelkalk des Steinbruchs an der Domäne Stauffenburg im westlichen Harzvorland (Breite: 9,5 cm); Foto: Sammlung Paläontologie, Institut für Geologie und Paläontologie der TU Clausthal, mit freundlicher Genehmigung.

mit einer maximal wenige Meter mächtigen Zone aus Werksteinbänken als Flachwasserbildungen ab. Es sind massige, oft poröse Kalksteine, deren Ausstrich sich im Gelände aufgrund ihrer Härte meist deutlich bemerkbar macht. Ihrer hervorragenden Eignung als Baumaterial verdanken sie ihren Namen. Der Kamm des Bückebergs, aber auch der anderer aus Unterem Muschelkalk aufgebauter Höhenzüge, markiert den Ausstrich der Terebratulazone, der mittleren der drei Werksteinbank-Zonen. Sie ist nach dem in ihr häufig vorkommenden Brachiopoden *Coenothyris vulgaris* (früher *Terebratula vulgaris*) benannt. Aus der Distanz betrachtet und den Kamm des Höhenrückens im Blick, lässt sie sich etwa in der Mitte des Profils im Steinbruch gut lokalisieren. Am Nordende des Profils dürfte die Untere Schaumkalkbank der oberen Werksteinbank-Zone gerade noch angeschnitten sein. Die kräftig gelbe Färbung ist eine Folge der Dolomitisierung der Kalksteine während der temporären Abschnürung des Germanischen Beckens von der Tethys im Mittleren Muschelkalk, die mit einer partiellen Eindampfung des Meeresbeckens einherging.

Dolomitisierung s. Kasten Seite 136

Allen Werksteinbänken gemeinsam ist, dass sie zumindest bereichsweise sehr porös sind. Die rundlichen Poren entstanden durch die Herauslösung kugeliger Partikel im Zuge der Gesteinsverwitterung. Sie ähneln daher oolithischen Gesteinen, aber anders als beim Rogenstein dürfte es sich bei diesen Kügelchen um algenumkrustete Partikel gehandelt haben. Man bezeichnet ihre Struktur daher auch als pseudo-oolithisch.

Rogenstein s. Seite 150

Nach dem Besuch des Steinbruchs sollte man keinesfalls versäumen, sich die Stiftskirche St. Cyriakus in Gernrode anzusehen. Die 961 erstmals erwähnte Kirche des einstigen Frauenstifts Gernrode ist eines der bedeutendsten Architekturdenkmale aus ottonischer Zeit in Deutschland. Ihr heutiger Zustand entspricht weitgehend dem im 10. Jh. Für ihren Bau wurde auch Kalkstein aus Steinbrüchen am Bückeberg verwendet.

Lesestein eines pseudo-oolithischen Kalksteins im Steinbruch am Bückeberg.

Steil stehende Silt- und Tonsteine des Unteren Buntsandsteins im Bahneinschnitt am Kirchenberg bei Thale.

Im Bahneinschnitt am Kirchenberg bei Thale

Silt: ≈ Schluff; Partikel, deren Durchmesser zwischen denen von Tonen und Sanden liegen (2–63 µm)

Unser letztes Ziel liegt am Nordwestrand von Thale, wo die Trasse der Werksbahn des einstigen Eisenhüttenwerks durch tiefe Einschnitte in dem aus Buntsandstein aufgebauten Kirchenberg (**81**) führt. Der nördlich des Silberbachs gelegene Einschnitt ist stark verwachsen, aber der südliche bietet fantastische Einblicke in die sedimentologische Vielfalt der Gesteine des Unteren Buntsandsteins. Man erreicht diesen Aufschluss über das gekappte Ende des Bahndamms nahe der Einmündung der Rübchenstraße in die Roßtrappenstraße.

Der etwa 100 m lange Einschnitt schließt beiderseits der Trasse steil stehende Schichten aus dem unteren Abschnitt der Calvörde-Formation, der basalen Einheit des Unteren Buntsandsteins, auf. Die mit etwa 70° nach Nordnordosten einfallende Schichtenfolge besteht aus rotbraunen, etwas violettstichigen und z. T. bunten Silt- und Tonsteinen mit vereinzelten hellen Kalksandsteinlagen. Die Rotfärbung ist durch geringe Beimengungen von Eisenoxiden verursacht.

Vindelizische Schwelle *s. Grafik Seite 21*

fluvio-lakustrin: in Fließgewässern und (Süßwasser-) Seen gebildet

Playa: Salztonebene

Sabkha: zeitweise wassergefüllte Becken ohne Oberflächenabfluss

Nachdem eine Regression am Ende des Zechsteins global zu einem Tiefstand des Meeresspiegels geführt hatte, kamen nun unter semiariden bis wechselfeuchten Klimabedingungen in einem intrakontinentalen Becken terrestrische Sedimente zur Ablagerung, deren Herkunft von der südlich gelegenen Vindelizischen Schwelle abgeleitet wird. Es sind Sedimente, die von einem fluvio-lakustrinen Milieu mit gelegentlichen marinen Einflüssen zeugen. Man nimmt an, dass die Bedingungen vergleichbar waren mit denen in heutigen Playas, Playa-Seen und Sabkhas. Zeitweilige Bedeckung mit Flachwasser sehr unterschiedlicher Salinität und teilweise oder vollständige Wiederaustrocknung kennzeichnen die Ablagerungsbedingungen.

Auffällig sind die vielfältigen Sedimentstrukturen, die sich entdecken lassen. Freiliegende Schichtflächen zeigen z. T. sehr großflächig Wellenrippeln. An anderen Stellen finden sich Trockenrisse. Diese bei Austrocknung des unverfestigten Sediments entstandenen Schrumpfungsrisse wurden später mit Sediment abweichender Beschaffenheit verfüllt, sodass ihr netzartiges Muster farblich oft gut hervortritt. Weitere Gefügemerkmale sind Belastungsmarken, kleindimensionale Schrägschichtung und eine durch texturelle Unterschiede bedingte laminare Feinschichtung. Im südlichen Abschnitt sind mehrere Rogensteinbänke eingeschaltet. Diese maximal 1 m mächtigen oolithischen Kalksteinbänke belegen temporäre marine Ingressionen. Nicht selten haben aus dem Gestein herausgelöste Ooide rundliche Löcher hinterlassen. Das Glitzern im Sonnenlicht, das man vielfach auf den Schichtflächen erkennt, wird durch Glimmerblättchen verursacht. Sie geben dem Gestein häufig ein schiefriges Aussehen.

Durch bewegtes Flachwasser erzeugte Rippelmarken auf einer großflächig freiliegenden Schichtoberfläche des Unteren Buntsandsteins im Bahneinschnitt am Kirchenberg.

Mit diesem Spaziergang über die kargen Böden der frühmesozoischen, fast 250 Mio. Jahre alten Ebenenlandschaften endet dieser Streifzug durch den östlichen Teil der Aufrichtungszone.

In den Gesteinen des Unteren Buntsandsteins im Bahneinschnitt am Kirchenberg lassen sich vielfältige Sedimentstrukturen und Gefügemerkmale beobachten.

Von Benzingerode über Kloster Michaelstein zur Festung Regenstein

Die einstige Warte auf dem Austberg bei Benzingerode.

Auf dieser Exkursion durchstreifen wir zunächst die Schichtrippenlandschaft zwischen Benzingerode und Heimburg, um uns dann einige instruktive Aufschlüsse entlang eines geologischen Wanderwegs unweit des Klosters Michaelstein anzusehen. Anschließend geht es, dem Goldbach abwärts folgend, zum Regenstein mit seiner eindrucksvollen Festungsanlage.

Blick über die Schichtrippenlandschaft

Die ca. 17,5 km lange Route lässt sich gut in zwei Teilabschnitten mit Kloster Michaelstein als End- bzw. Startpunkt erkunden

Die Wanderung startet in Benzingerode mit einem Aufstieg auf den Aussichtsturm auf dem Austberg (**82**), eine Mitte des 13. Jh. von den Regensteiner Grafen als Signalturm erbaute einstige Warte unmittelbar nordwestlich des Orts. Er bietet einen schönen Blick Richtung Südosten auf das Westende des Struvenbergs und den sich südlich anschließenden Bereich der Aufrichtungszone. Der markante, vom Struvenberg und Ziegenberg gebildete Höhenrücken wird, wie auch der Austberg, aus Gesteinen des Muschelkalks aufgebaut. Deutlich sind zwei durch eine flache Depression getrennte Schichtkämme zu erkennen. Wie am Münchenberg bei Stecklenberg, so bildet auch hier der Untere Muschelkalk, die Wellenkalk-Folge mit ihren widerstandsfähigen Werksteinbänken, die höchste Erhebung. Der etwas niedrigere nördliche Schichtkamm markiert den Ausbiss des Trochitenkalks des Oberen Muschelkalks. Im Bereich der Depression liegt der Ausbiss der gipsführenden, mergeligen und dolomitischen Gesteine des Mittleren Muschelkalks.

In der Gesteinsfolge spiegelt sich die temporäre Unterbrechung der Verbindung des Germanischen Beckens zur Tethys

Blick vom Austbergturm Richtung Südosten über die durch steil gestellte Muschelkalkschichten gebildeten Schichtrippen des Struven- und Ziegenbergs.

am Ende des Unteren Muschelkalks wider, woraufhin sich infolge einer partiellen Eindampfung zeitweilig hypersalinare Verhältnisse einstellten. Nach der abermaligen Öffnung dieser Verbindung zu Beginn des Oberen Muschelkalks drang das Meer bis in den Raum der südlichen Nordsee vor. Zur Ablagerung kamen zunächst graue, bioklastische Kalksteine mit einer artenarmen, aber individuenreichen marinen Fauna. Muschelschill und Seelilienstielglieder, sogenannte Trochiten, sind häufige Fossilien. Letztere sind namensgebend für diesen recht massigen Trochitenkalk an der Basis des Oberen Muschelkalks. Innerhalb der Subherzynen Senke nimmt seine Mächtigkeit Richtung Osten ab, sodass sie hier deutlich geringer ist als die maximale Mächtigkeit von 12 m.

Auf den Halbtrockenrasen des Ziegenbergs gedeihen u. a. verschiedene Orchideenarten wie der Bienen-Ragwurz (Ophrys apifera), die allesamt streng geschützt sind.

Bioklasten: Fragmente von Organismen

Schill: Anhäufung von Organismenschalen

Über den Kamm des Struven- und Ziegenbergs

Zurück im Ort, führt von der Ziegeleistraße ein Pfad auf den Kammweg des Struvenbergs, wo wir auf noch gut im Gelände erkennbare Wälle und Gräben der einstigen Struvenburg treffen, deren Anlage vermutlich in das 10. Jh. oder früher zu datieren ist. Am Beginn des Pfads informiert eine Tafel über die Besonderheiten des NSG „Ziegenberg“. Die kleinen Pingen entlang des Kammwegs sowohl in der Wellenkalk-Folge als auch im Trochitenkalk gewähren nur bescheidene Einblicke in den Untergrund. Diesbezüglich bietet der Wegdurchbruch zwischen Struvenberg und Ziegenberg (**83**) mit der deftigen Bezeichnung „Arschkerbe“ weitaus bessere Möglichkeiten. Gut ist die nahezu senkrechte bzw. leicht überkippte Lagerung der Gesteinsschichten zu erkennen. Bei den kleinen Klippen im Bereich des Kamms dürfte es sich um den Ausstrich der Terebratulabänke handeln, die in der Regel den Grat der aus Unterem Muschelkalk aufgebauten Höhenrücken bilden.

Den Wegdurchbruch nach Norden gehend, durchquert man den Mittleren Muschelkalk. Der Ausstrich des Trochitenkalks bildet hier zwar keinen so auffälligen

Trochitenkalk vom Struvenberg (linke Kantenlänge: 11 cm); Inset: Nahansicht einzelner Stielglieder von Encrinus liliiformis, einer zur Zeit des Oberen Muschelkalks in flachen Meeresregionen sehr häufigen Art der Seelilien.

Nahezu senkrecht stehende Schichtenfolge des Unteren Muschelkalks am Wegdurchbruch zwischen Struven- und Ziegenberg, deren Vegetation sie als Trockenstandorte ausweist (Foto: M. Karrasch).

Zur Beschaffenheit und Bildung der Gesteine der Wellenkalk-Folge s. Seite 143

Profilschnitt durch die Schichtrippenlandschaft s. Seite 133

Schichtkamm wie am Westende des Struvenbergs, macht sich aber durch eine merkliche Reliefversteilung bemerkbar. Wenig weiter wegabwärts markieren rotbraune bis violettrote sowie grünlichgraue Gesteine im Weg den Ausstrichbereich des Keupers, der sich bis kurz vor die hangabwärts gelegene Einmündung auf einen Querweg erstreckt. Bei den hellen dünnbankigen Gesteinen im Weg dort dürfte es sich bereits um oberkreidezeitliche Gesteine, die Salzbergmergel des Santons, handeln. Die große Schichtlücke zwischen Keuper und Oberkreide ist teils auf Sedimentationsunterbrechungen, vorwiegend aber auf Erosion und nachfolgende diskordante Überlagerung durch jüngere Ablagerungen zurückzuführen.

Exkurs Richtung Harzrand

Ein Abstecher Richtung Harzrand entlang des Hellbachs führt uns im Anstieg zum südlich angrenzenden Höhenzug zu einem alten, grabenartig sich nach Osten erstreckenden Abbau im Unteren Buntsandstein (**84**). Bereits die kräftig rotbraune Farbe des Ackerbodens in der Senke davor weist auf die Anwesenheit von Buntsandstein im Untergrund hin. Abgebaut wurden durch Ton- und Siltsteine getrennte oolithische Kalksteinbänke der Bernburg-Formation, von denen anstehend allerdings kaum etwas zu sehen ist. Da das Erscheinungsbild dieses aus unzähligen, dicht gedrängt beieinander liegenden kugeligen Körnern (Ooiden) bestehenden Gesteins an Fischeier erinnert, wird es als Rogenstein bezeichnet. Es sind Bildungen des flachen, bewegten und warmen Wassers, in dem es um einen Kristallisationskeim herum zu Kalkausfällungen kam, die mit der Zeit konzentrisch-schalig weiterwuchsen. Durch das Rollen über den

Rogenstein des Unteren Buntsandsteins als Lesesteine im Steinbruch am Hellbach; Inset: Nahansicht der konzentrisch-schaligen Ooide.

Meeresboden behielten sie stets ihre kugelige Form. Die Rogensteinbänke zeugen von temporären marinen Ingressionen in einen ansonsten terrestrischen Ablagerungsraum. Im östlichen Bereich des Abbaus lassen sich schöne Lesesteine mit bis zu 5 mm großen Ooiden finden.

Aufgrund seines plattigen Gefüges und seiner hohen Festigkeit war der Rogenstein ein begehrter Werkstein, der heute noch sichtbar in vielen Gebäuden verbaut wurde. Bekannte Beispiele sind Teile des Schlosses Wernigerode und des Klosters Ilsenburg, wo man sich dieses Gestein im Mauerwerk in all seinen Facetten ansehen kann. Entsprechend zahlreich sind die Pingen, die nicht nur hier im Ausstrich der Rogensteinzone angelegt wurden.

Zu Sedimentstrukturen in den Gesteinen des Unteren Buntsandsteins s. auch Seite 147

Stromatolith im Unteren Buntsandstein des Steinbruchs am Hellbach, infolge der Schichtaufrichtung in liegender Position; Inset: Nahansicht seiner laminaren Struktur.

Was diesen Abbau besonders interessant macht, sind einige Kalksteinfelsen an seiner Nordseite. Sie zeigen einen gewölbtschaligen Aufbau und runzelige, z. T. blumenkohlartige Strukturen auf ihrer Oberfläche. Vielfach erkennt man eine laminare Schichtung. Es sind biogene Bildungen, sogenannte Stromatolithen, die auch in anderen Abschnitten der Aufrichtungszone im Unteren Buntsandstein beobachtet wurden.

Ein Stück weiter Richtung Harzrand gehend, gelangt man in den Ausstrichbereich des Zechsteins, der dem Harzrand zwischen Benzingerode und Heimburg als etwa 150 m breiter Streifen unmittelbar vorgelagert ist. Dessen Gesteine sind jedoch zumeist von Abtragsmassen aus dem Harzgebirge verdeckt. In den subrosionsanfälligen Gesteinen – Kalkstein, Dolomit, Anhydrit und Gips – sind Erdfälle recht zahlreich. Richtung Benzingerode kann man südlich des Maerkerstiegs einige entdecken. Allerdings ist es oftmals nicht sicher möglich, Erdfälle von den ebenfalls zahlreichen, mittlerweile verwachsenen kleinen Pingen zu unterscheiden, in denen früher der aus der Umwandlung von Anhydrit entstandene Gips abgebaut wurde.

Subrosion: unterirdische Auslaugung löslicher Gesteine

Dolomit *s. Kasten Seite 136*

Stromatolithen

Stromatolithen entstanden durch lagenweises Übereinanderwachsen von Mikrobenmatten am Meeresboden. Die Mikroorganismen und die von ihnen gebildete Matrix aus Biopolymeren bildeten einen Biofilm, an dem Sedimentpartikel adhäsiv gebunden wurden. Die Photosynthese der Mikroorganismen, Bakterien- und Algenkolonien, förderte zudem die Ausfällung von Calciumkarbonat, wodurch sie sich quasi selbst einschlossen. Während der Biofilm an der Basis abstarb, wuchs er nach oben aber beständig weiter.

Bereits vor 3,5 Mrd. Jahren hat es Stromatolithen gegeben, sie gelten als die ältesten biogenen Strukturen. Ihre mit Abstand größte Verbreitung hatten sie im Präkambrium, wo sie in den meisten Küstengewässern anzutreffen waren und teilweise sogar Riffe bildeten. Man nimmt an, dass ihre seither abnehmende Verbreitung mit der Entwickung der Tierwelt zusammenhängt, denn für viele Meeresbewohner stellte das Abweiden von Biofilmen die Ernährungsgrundlage dar. Daher sind die seltenen rezenten Bildungen meist an Gewässer mit erhöhten Salzgehalten wie Lagunen oder kontinentale Salzseen gebunden, die für andere Lebewesen sehr ungünstige Habitate darstellen.

Stromatolith in Lebendstellung vor dem Museum Heineanum (100) in Halberstadt.

Rekonstruiertes Stollenmundloch im Teufelsbachtal mit einem mit tertiärem Grünsand gefüllten Hunt (Foto: M. Karrasch).

Zurück am Ziegenberg und an seinem Südostende die von Heimburg ins Trecktal führende Straße querend, gelangt man, dem Fernradweg Richtung Südosten folgend, in das Teufelsbachtal nördlich des Klosters Michaelstein, wo man auf einen geologischen Rundwanderweg trifft. Der Höhenrücken des Horstbergs nördlich des Wegs wird ebenfalls aus steil gestellten Schichten der Wellenkalk-Folge aufgebaut.

Durch das Teufelsbachtal

Nahe der Einmündung des von Süden kommenden Schmerlenbachs in den Teufelsbach stoßen wir auf ein rekonstruiertes Stollenmundloch (**85**) mit einem davor aufgestellten Hunt. Gefüllt ist dieser mit Grünsand, einem schwarzgrünen schluffigen Feinsand unteroligozänen Alters, der hier zwischen etwa 1930 und 1978 abgebaut und in der nahe gelegenen Klinik als Kur- und Heilmittel eingesetzt wurde. Seine Färbung erhält er durch Beimengungen von Glaukonit und Markasit. Das meist blaugrüne Glimmermineral Glaukonit tritt nahezu ausschließlich in marinen Sedimenten auf. Somit belegen diese Sedimente, dass das Meer im Alttertiär zumindest zeitweilig noch bis an den Harzrand vorgedrungen ist. Sie haben sich in Karsttrichtern erhalten, die sich in den Gesteinen des Zechsteins südlich und westlich von hier gebildet hatten. Der Teufelsbach markiert in diesem Abschnitt etwa die Grenze zwischen Unterem Muschelkalk und Buntsandstein. Der frühere Stollen durchteufte horizontal zunächst den Buntsandstein, bevor er die Grünsande im Bereich des meist von jungem Abtragsschutt bedeckten Zechsteinausstrichs erreichte.

Markasit: FeS_2, messinggelb, ähnlich Pyrit, aber abweichende Kristallstruktur, oft grünstichig

Bevor wir den aufwärts führenden Weg weitergehen, sollten wir dem Weg im Teufelsbachtal noch etwa 400 m bis kurz vor seiner Einmündung auf die Straße Heimburg – Michaelstein folgen, denn hier gelangt man zu einer berühmten und viel besuchten Lokalität. An diesem heute als Naturdenkmal geschützten Aufschluss in der Wegböschung (**86**) hatte 1917 der große Geologe Hans Cloos anhand der Lagerungsverhältnisse die Subherzyne Phase der Saxonischen Gebirgsbildung zeitlich abgrenzen können. Dem Aufschluss kommt eine herausragende Bedeutung für das Verständnis der Hebungsgeschichte des Harzes zu, denn er zeigt eine der sehr wenigen aufgeschlossenen Winkeldiskordanzen am Harznordrand. Leider sind die Aufschlussverhältnisse aber nicht immer ideal.

Saxonische Gebirgsbildung s. Seite 130

Der Weganschnitt im Teufelsbachtal („Cloos'scher Aufschluss") schließt die Diskordanz (durchgezogene Linie) zwischen den Ceratiten-Schichten des Oberen Muschelkalks (mo) und Mergeln der höheren Oberkreide (kro) auf; innerhalb Letzterer markiert ein Transgressionskonglomerat (gestrichelte Linien) die Grenze zwischen Santon und Campan.

Im unteren und rechten Bereich erkennt man eine steil stehende, mit 80° nach Nordosten einfallende Wechselfolge aus plattigen Kalken und dünnen Tonmergellagen. Es handelt sich um die Ceratiten-Schichten des Oberen Muschelkalks, benannt nach dem in ihrem oberen Abschnitt vorkommenden Leitfossil *Ceratites nodosus*. Diese werden diskordant von Gesteinen der Blankenburg-Schichten – helle, teilweise feinsandige Mergel des Ober-Santons und tiefsten Unter-Campans – überlagert. Die Grenze zwischen Santon und Campan wird durch ein Transgressionskonglomerat markiert, welches Gerölle aus aufgearbeitetem und umgelagertem Muschelkalk enthält. Als das Meer in der Oberkreide über die bereits schräg gestellten Ceratiten-Schichten transgredierte, war die Hebung des Harzes noch nicht abgeschlossen, sodass auch die Blankenburg-Schichten noch verstellt wurden. Die merkwürdig gebogene Form der Grenzfläche zwischen Muschelkalk und Oberkreide wird als Folge von schichtparallelen Schervorgängen in den Ceratiten-Schichten während der anhaltenden Aufrichtung der Schichten angesehen (PAZELT 2003, FRANZKE & SCHWAB 2011).

Am Umflutgraben entlang zum Kloster Michaelstein

Auf der gegenüberliegenden Talseite mündet der schluchtartige, aber nur temporär wasserführende Klostergraben in das Teufelsbachtal. In Fortsetzung des „Cloos'schen Aufschlusses" zum stratigraphisch Liegenden hin schließt dessen hohe und steile Böschung die Wellenkalk-Folge des Unteren Muschelkalks mit seinen drei Werksteinbank-Zonen nahezu vollständig auf. Obwohl sein mäandrierender Verlauf natürlich erscheint, wurde er von den Mönchen seinerzeit künstlich angelegt, um einerseits den Wasserstand in den heute noch

Kloster Michaelstein s. Kasten Seite 156

Die Böschung des Klostergrabens schließt die Wellenkalk-Folge des Unteren Muschelkalks fast vollständig auf.

genutzten Fischteichen im Klostergrund oberhalb des Klosters zu regulieren, andererseits aber auch, um Brauchwasser für die Klosterziegelei bereitzustellen. Bei hohem Wasseraufkommen wurde das aus dem Klostergrund kommende Wasser über diesen insgesamt 1,8 km langen Umflutgraben an den Teichen vorbei in den Teufelsbach geleitet.

Bevor wir nun den Klostergraben über den vom bereits aufgesuchten Stollenmundloch (**85**) aufwärts führenden Weg erreichen, zeigt uns ein Erdfall rechts des Wegs, dass wir uns entlang des Zechsteinausstrichs bewegen, der hier am Nordhang des Großen Probstbergs mit nur gut 50 m Breite sehr schmal ist. Im oberen Bereich des Grabeneinschnitts (**87**) grenzt die Wellenkalk-Folge an rotbraune und teilweise grünlichgraue mergelige Ton- und Siltsteine des Pelitröt des Oberen Buntsandsteins. Sie repräsentieren erste temporäre marine Ingressionen aus der Tethys im Süden bis in den Bereich der südlichen Nordsee, nachdem der Meeresspiegel wieder angestiegen war. Die hiesigen Tonsteine bildeten ab dem ausgehenden 12. Jh. den Rohstoff für die Ziegelherstellung. Von der nahe gelegenen einstigen Ziegelei ist heute aber nichts mehr erhalten. Nicht mehr weit, und wir erreichen das ehemalige Zisterzienserkloster Michaelstein, dessen Gebäude ein malerisches Ensemble bilden.

Am Kloster beginnt ein Mühlenwanderweg, dem die weitere Exkursion an den Mönchemühlenteichen vorbei und am Goldbach entlang Richtung Regenstein folgt. Zunächst geht es die Straße entlang, die von hier aus nur in eine Richtung führt. An einem Kreisverkehr geradeaus weitergehend, liegt keine 200 m weiter, noch vor den Fischteichen, links der Straße ein aufgelassener Steinbruch (**89**), in dem der Wellenkalk des Unteren Muschelkalks gebrochen wurde. Der mit etwa 70° nach Westsüdwesten einfallende Wellenkalk liegt in überkippter Lagerung vor. Der untere Bereich der Ostseite bietet daher einen Blick auf die großflächig freiliegende Unterseite der Schichten. An der Nordwand durchschlägt eine nach Westsüdwesten gerichtete Aufschiebung das Schichtpaket des Unteren Muschelkalks.

Die Ostwand zeigt eine ganz ähnliche Situation, wie wir sie am Aufschluss im Teufelsbachtal (**86**) kennengelernt hatten. Mit einer ausgeprägten Winkeldiskordanz wird der Wellenkalk von rötlich- bis gelblichbraunen mergeligen Sandsteinen überlagert. Auch hier gehören sie der Blankenburg-Formation des tiefen Unter-Campans an. Ebenso ist ihnen eine Konglomeratbank eingelagert, die Muschelkalkgerölle führt. Die Diskordanzflä-

Kloster Michaelstein

Gegründet wurde das Kloster 1146 oberhalb einer „Volkmarskeller" genannten Höhle (**88**) im Klostergrund nahe des Eggeröder Brunnens, 3,5 km Luftlinie südwestlich seiner heutigen Lage. Die Höhle hat sich in den Elbingeröder Riffkalken am Nordrand des Braunesumpf-Sattels durch Verkarstung (s. Kasten Seite 44) gebildet. In ihr soll bereits Mitte des 9. Jh. die Einsiedlerin Liutbirg freiwillig eingeschlossen Jahrzehnte ihres Lebens verbracht haben. 956 wird eine Michaelskirche erwähnt, eine durch künstliche Erweiterung der natürlich entstandenen Hohlräume geschaffene Höhlenkirche.
Wenige Jahre nach seiner Gründung wurde das Kloster an seinen heutigen Standort verlegt. Wachsender Besitz führte zu einem wirtschaftlichen Aufschwung und zu einer Blütezeit im Mittelalter. 1525, während des Bauernkriegs, wurde das Kloster geplündert und verwüstet, die Klosterkirche wurde vollständig zerstört. Mit diesen Ereignissen setzte der Niedergang des Klosters ein. Nach der Reformation wird es zu einer protestantischen Klosterschule, die mit Unterbrechungen bis 1807 bestand.
Ein bedeutender Teil der Klostergebäude ist trotz der bewegten Geschichte erhalten geblieben. Heute ist Kloster Michaelstein Musikakademie, ein kulturelles Zentrum und Veranstaltungsort zahlreicher Konzerte. Überregional bedeutend ist das Museum mit überwiegend historischen Musikinstrumenten. Einen Besuch wert sind auch die nach mittelalterlichem Vorbild gestalteten Klostergärten. Mehrere gastronomische Betriebe laden zu einer Rast ein, wobei Forellengerichte aus der eigenen Zucht ganz oben auf der Speisekarte stehen.

Das Torhaus des Klosters Michaelstein.

Mit einer Winkeldiskordanz (durchgezogene Linie) überlagern im Steinbruch nahe der Mönchemühlenteiche Sandsteine der Oberkreide (kro) mit einer Konglomeratbank (gestrichelte Linien) steil gestellten Wellenkalk des Unteren Muschelkalks (mu).

che und die Sandsteine fallen mit etwa 30 – 40° nach Nordosten ein. Daraus lässt sich ableiten, dass die Muschelkalkschichten zur Zeit der oberkreidezeitlichen Transgression zwar steil aufgerichtet, aber noch nicht überkippt waren, woraus wiederum geschlossen werden kann, dass die Verkippung der Gesteinsschichten einschließlich der Blankenburg-Formation nachfolgend noch ein beträchtliches Ausmaß gehabt haben muss (PAZELT 2003, FRANZKE & SCHWAB 2011).

Hier in Michaelstein könnte man die Exkursion jetzt beenden und die Region des Regensteins an einem anderen Tag erkunden. Ansonsten führt der weitere Weg östlich an den im Goldbach angelegten Mönchemühlenteichen und dann bachabwärts an der Einmündung des Teufelsbachs vorbei Richtung Nordosten.

Entlang des Goldbachs

Mehrere Mühlen nutzten teilweise bereits seit dem Mittelalter das Wasser des Goldbachs zum Antrieb der Wasserräder. Um auch in abflussarmen Zeiten ausreichend Aufschlagswasser zur Verfügung zu haben, wurden die Stauteiche in seinem Oberlauf angelegt, die das überschüssige Wasser abflussreicher Zeiten speicherten. Unbemerkt überschreiten wir auf unserem Weg die dicht an der Aufrichtungszone liegende Achse der Blankenburger Mulde. Der größte Teil dieses Wegabschnitts liegt ebenso wie der Regenstein auf deren flach einfallenden Nordostflanke. Kurz nach der Unterquerung der B 6n zweigt ein Weg nach rechts ab, der zu einem Parkplatz an der B 81 führt.

Profilschnitt durch die südöstliche Subherzyne Kreidemulde *s. Seite 132*

Die Region des Regensteins

Dieser Parkplatz ist auch ein guter Ausgangspunkt für eine separate Wanderung in das Regensteingebiet. Bei der Anfahrt werden einem dann auch die zu großen Kegeln angehäuften rundlichen Gesteinsblöcke aufgefallen sein, die im Raum Blan-

Kalksandstein-Konkretionen der Heimburg-Schichten an der Anschlussstelle „Blankenburg Zentrum" der B 6n.

kenburg an den Anschlussstellen der B 6n aufgehäuft wurden. Es handelt sich um Kalksandstein-Konkretionen der Heimburg-Schichten, die beim Straßenbau massenhaft angefallen sind. Im Unterschied zu den etwa gleichaltrigen Heidelberg-Schichten weisen die Sandsteine der Heimburg-Formation einen gewissen Kalkgehalt auf. Sie vermitteln zwischen der bereits seit dem Coniac bestehenden rein sandigen Ausbildung des östlichen Subherzyn und der mergeligen Ausbildung weiter westlich.

Heidelberg-Sandstein s. Seite 138

Über den Mühlgrabenweg gelangt man zu zwei kaskadenartig angeordneten, nach Ausgrabungsbefunden rekonstruierten Wasserrädern der ehemaligen Regensteinmühle (**90**). Die Ende des 12. Jh. erbaute und bis Mitte des 15. Jh. betriebene Anlage diente der Versorgung der Burg Regenstein und bestand aus einer Mahl- und Ölmühle. Das benötigte Aufschlagswasser wurde vom etwa 20 m höher gelegenen Mönchemühlenteich über eine knapp 2 km lange geschlossene Holzwasserleitung hierher geleitet, dass es wie ein artesischer Brunnen das Staubecken vor dem Zulauf zu den Wasserrädern füllte. Im unmittelbaren Umfeld der Regensteinmühle sind noch zahlreiche Reste der wasserbaulichen Anlagen zu entdecken, ebenso wie Tritt- und Fahrspuren in dem nur schwach verfestigten Heidelberg-Sandstein. Mehrere, zu tiefen Hohlwegen ausgetretene Wege zeugen von einer regen mittelalterlichen Geschäftigkeit.

Rekonstruierte Wasserräder der ehemaligen Regensteinmühle westlich der Festung Regenstein.

Über ein verwirrend dichtes Wegenetz erreichen wir früher oder später den Zugang zur einstigen Burg und Festung Regenstein (**91**) an ihrer Südseite. Aufgrund der exponierten Lage, des fast 100 m tiefen Steilabfalls auf seiner Nordseite und seiner Lage am Knotenpunkt bedeutender mittelalterlicher Handels- und Heerstraßen war der Regenstein prädestiniert für den Bau einer Burg, die später viel umkämpft sein sollte.

Bei der Erkundung des Geländes kann man in dem relativ flach lagernden Heidelberg-Sandstein vielfältige Sedimentstrukturen wie Schräg- und Kreuzschichtung entdecken. Der kalk- und tonfreie Sandstein wurde im Bereich einer Sandbarre abgelagert, die einen durch lagunäre und deltaartige Ablagerungen geprägten Raum im Südostteil der Blankenburger Mulde vom offenen Beckenbereich im Nordwesten trennte.

In den Sandstein gehauene Treppen führen auf das „Dach" der Festung, von wo aus man einen grandiosen Ausblick über den Harzrand und die Blankenburger Mulde genießen kann. Der ausgedehnte Kiefernwald des Heers, welcher sich nördlich und östlich von hier erstreckt, steht ebenfalls auf Heidelberg-Sandstein. Spät- und nacheiszeitlich war die weitgehend vegetationsfreie Sandsteinfläche den Elementen schutzlos ausgesetzt. Der nur wenig verfestigte Sandstein zerfiel dabei rasch zu losem Sand, der vom Wind zu hohen Binnendünen angehäuft wurde. Man erkennt sie heute noch als mehr oder weniger harzrandparallel aneinandergereihte Kuppen und Kämme.

Durch wechselnde Strömungsrichtung verursachte Kreuzschichtung im Heidelberg-Sandstein auf der Festung Regenstein.

Burg und Festung Regenstein

Urkundliche Erwähnung findet die Burg erstmals 1169, es gibt aber Hinweise, dass hier bereits in der ersten Hälfte des 11. Jh. eine Reichsburg gestanden hat. Die Burg war lange Zeit Residenz der streitbaren Grafen von Regenstein. Zahlreiche Sagen und Geschichten ranken sich um die Regensteiner Raubgrafen und Raubritter. Nach dem Umzug der Grafenfamilie in das Schloss Blankenburg im 15. Jh. verfiel die Burg. 1670 fiel der Regenstein an Preußen, woraufhin die mittelalterliche Burg zu einer ausgedehnten Festungsanlage ausgebaut wurde. Im Siebenjährigen Krieg Mitte des 18. Jh. war sie zwischen Franzosen und Preußen stark umkämpft und wurde nach Verlust und Rückeroberung von den Preußen selbst gesprengt. Mauerreste sind heute daher kaum noch vorhanden, aber den zahlreichen, vielfach miteinander in Verbindung stehenden Räumen, die in den weichen Sandstein geschlagen wurden, konnte die Sprengung nichts anhaben. Sie können besichtigt werden, ebenso der alte Bergfried, der als einziges Bauwerk aus Rogenstein (s. S. 150) errichtet wurde.

Blick auf die Festung Regenstein (Foto: M. Karrasch).

Sandgrube mit künstlichen Höhlen inmitten des ausgedehnten Kiefernwalds des Heers.

Sehenswert ist auch die Luftlinie etwa 500 m ostnordöstlich gelegene große Sandgrube (**92**) mit ihren künstlichen Höhlen inmitten des Kiefernwalds. Es wird angenommen, dass diese Lichtung als Thingstätte diente, also ein Ort war, wo in frühgeschichtlicher Zeit unter freiem Himmel Volks- und Gerichtsversammlungen nach germanischem Recht abgehalten wurden. Später hat man den Sand als Stubensand, auch als Fege- und Scheuersand bezeichnet, abgebaut. Der sehr gleichkörnige, nur sehr schwach verfestigte Mittelsand wurde bis in das letzte Jahrhundert hinein nicht nur hier in der Region verbreitet zur Reinigung v. a. von Holz- und Steinfußböden verwendet. Daher war Stubensand früher eine durchaus begehrte Handelsware. Bevor es Kühlschränke gab, hat man die durch den Abbau entstandenen Höhlen oft zur Lagerung verderblicher Waren genutzt. Ob von dieser Lokalität auch der Sand stammt, der in der Jakobsbrucher Glashütte verwendet wurde, kann der Autor nur vermuten.

Jakobsbrucher Glashütte s. Seite 109

Mit dem Besuch dieses idyllischen Ortes enden die in diesem Buch vorgestellten Streifzüge durch die Erdgeschichte, die der Autor mit den von dem großen Geologen Karl August Lossen 1889 formulierten Worten ausklingen lassen möchte:

„Der Harz gilt nach Heinrich von Dechens erprobtem Urteil seit Anbeginn der Geologie als das Kleinod unter den Gebirgen der Erde und wird, wie ich hinzusetzte, diesen Rang stets behaupten. Denn in ihm hat uns der Schöpfer das Buch der Natur in knapper, modellklarer und meisterhaft vollendeter Form, überreich an Inhalt aufgeschlagen."

Vulkanismus, Riffentwicklung und Eisenerzbildung im Elbingeröder Komplex

Der Elbingeröder Komplex präsentiert sich heute als eine etwa 18x4,5 km² große, NE – SW-streichende und allseitig von Überschiebungen begrenzte Struktur, die mit ihrem großflächigen Ausstrich vulkanischer und karbonatischer Gesteine im geologischen Kartenbild markant hervortritt. Erkenntnisse aus Explorations- und zahlreichen Forschungsarbeiten haben mittlerweile zu räumlich und zeitlich sehr differenzierten Vorstellungen über die besondere Entwicklung innerhalb der Blankenburger Zone im Elbingeröder Raum zur Zeit des Mittel- bis Oberdevons geführt. Diese dem interessierten Leser etwas detaillierter und zeitlich zusammenhängender vorzustellen, als es in den vorstehenden Abschnitten möglich war, ist Anliegen dieses Kapitels.

Geologische Karte des Elbingeröder Komplexes und seiner Umrahmung s. Seite 30

Die mächtigen Vulkanbauten aufsitzenden massigen Riffkalke setzten den einengenden Kräften während der Variszischen Gebirgsbildung einen starken Widerstand entgegen. Statt durch intensive Verfaltung wie außerhalb des Elbingeröder Komplexes zeichnet sich sein Internbau eher durch bruchtektonisch überformte weitgespannte Sattel- und dazwischenliegende schmale Muldenstrukturen mit einem generellen NE – SW-Streichen aus. In den Sattelkernen streichen großflächig vulkanogene Gesteine der Elbingerode-Schalstein-Formation aus, wogegen in den Muldenzonen jüngere Gesteine zutage treten, die im Bereich der Sättel längst der Erosion zum Opfer gefallen sind. Schematisch betrachtet, sind dies von den Muldenrändern zu deren Kernen die Gesteine der Elbingerode-Riffkalk- und der -Rahmen-Formation, der Kulm-Kieselschiefer-, Kulm-Grauwacken- sowie der Kulm-Olisthostrom-Formation.

Zur Stratigraphie und Profilentwicklung im Elbingeröder Komplex s. die Grafiken Seite 163 u. 171

Da die hiesigen Eisenerzlager, die die Grundlage für einen mehr als 1 000 Jahre währenden Bergbau bildeten, an den Hangendbereich der vulkanogenen Gesteine gebunden sind, finden sich diese heute stets an den Sattelflanken im Grenzbereich zu den aufliegenden jüngeren Gesteinen, welche i. d. R. Riffkalke sind. Dementsprechend sind die Pingen in den alten Bergbaurevieren, die sich v. a. auf die Regionen Königshüt-

Einen zusammenfassenden Überblick über bedeutende geologische Ereignisse im Paläozoikum bietet die Zeittafel auf Seite 17

te – Mandelholz, Büchenberg und Hüttenrode – Neuwerk konzentrieren, vielfach perlschnurartig zu Pingenzügen angeordnet, aus deren Verlauf das allgemeine Schichtstreichen abgeleitet werden kann.

Der Vulkanismus im Elbingeröder Raum

Avalonia *s. Seite 11 sowie Grafik Seite 14*

Die Sonderentwicklung im Elbingeröder Raum begann im unteren Mitteldevon vor etwa 390 Mio. Jahren, als im Eifel in einem landfern gelegenen Teilbereich des durch Schwellen strukturierten Ablagerungsraums vor der Küste Ost-Avalonias ein erster submariner effusiver Vulkanismus einsetzte, der in der Folgezeit zur Bildung mächtiger Vulkanbauten führte. Diese nur wenige Millionen Jahre währende Phase eines intensiven Vulkanismus schuf die Voraussetzung für die nachfolgende Entwicklung des Elbingeröder Riffs und die Bildung der Eisenerzlagerstätten.

Wissenbacher Schiefer mit ihren Diabasen *s. Kasten Seite 42*

Vulkanismus hat es bereits seit dem höheren Ems (oberes Unterdevon) gegeben, wie die intensive Verzahnung der Wissenbacher Schiefer mit Diabasen belegt. Allerdings erreichten die basaltischen Schmelzen nur selten den Meeresboden. In der Regel drangen sie schichtparallel in Fugen des noch unvollständig verfestigten Sediments ein, wo sie als Lagergänge erstarrten. Auch im Liegenden der effusiven Vulkanite des Eifel wird eine durchgehende Verbreitung von Gesteinen der Wissenbach-Formation angenommen. Zutage tretend zeigen sie sich allerdings nur im Kern des Braunesumpf-Sattels nordwestlich von Hüttenrode.

Stratovulkan: aus Lava und Auswurfprodukten aufgebauter kegelförmiger Vulkanbau

lithologisch: die Gesteinsbeschaffenheit betreffend

Der Kreuzungsbereich flachherzynisch (WNW – ESE) und variszisch (NE – SW) streichender Störungssysteme bot den Schmelzen ab dem Eifel Aufstiegswege bis an den Meeresboden. Der wiederholt von längeren Ruhephasen unterbrochene, ansonsten aber ausgesprochen intensive, bis in das Givet hinein anhaltende Vulkanismus hat letztendlich zur Bildung von vier Stratovulkanen geführt, die allmählich bis dicht an oder auch über den Meeresspiegel hinauswuchsen. Später wurden diese submarinen Hochgebiete im Zuge der Variszischen Gebirgsbildung zu breiten Antiklinalstrukturen umgeformt und bilden heute die Vulkanitaufbrüche des Büchenberg-, Braunesumpf-, Neuwerker und Königshütter Sattels.

Nach MUCKE (1973) erlauben lithologische Merkmale der bis zu 1 000 m mächtigen Vulkanite und Vulkaniklastite der El-

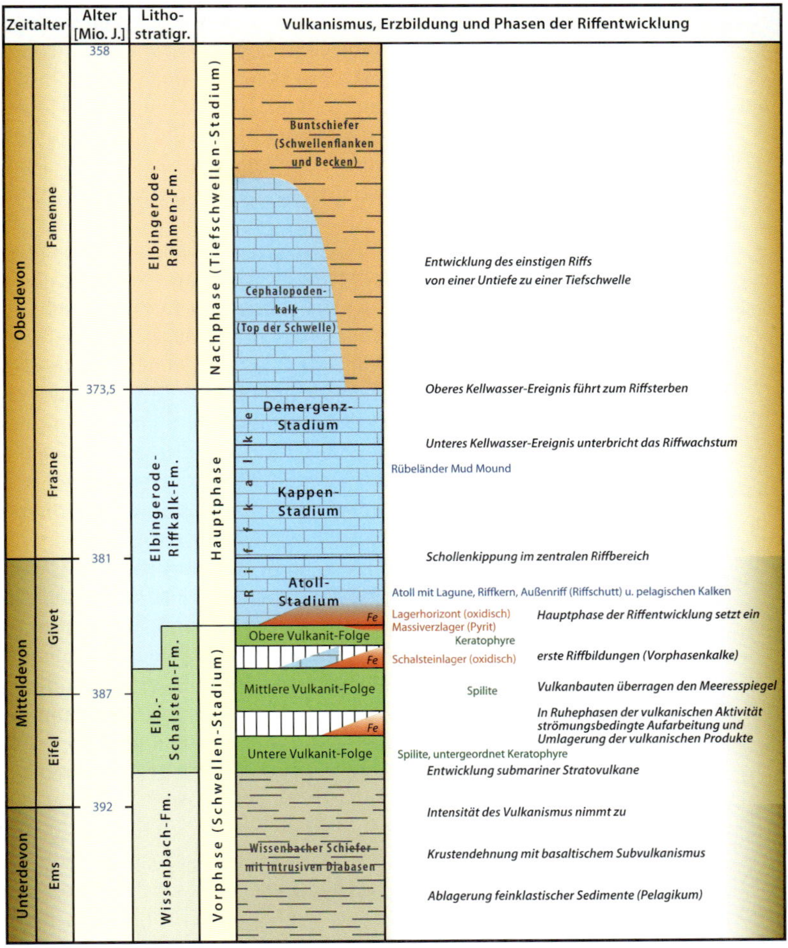

Das Devon im Elbingeröder Komplex: Stratigraphie, Vulkanismus, Erzbildung und Phasen der Riffentwicklung. Verändert und ergänzt nach AEHNELT & WELLER (2004) und MUCKE (1973).

bingerode-Schalstein-Formation, v. a. Übergänge von Laven zu im Hangenden folgenden resedimentierten Vulkaniklastiten, die Abgrenzung von drei Haupteruptionsphasen, die heute als Untere, Mittlere und Obere Vulkanit-Folge bezeichnet werden. Während der ältesten dieser Phasen wurden überwiegend basaltische, untergeordnet aber auch saurere Laven gefördert,

Spilit *s. Kasten Seite 42*

Keratophyr *s. Seite 47*

aus denen Spilite und Keratophyre hervorgingen. Die Mittlere Vulkanit-Folge setzt sich ausschließlich aus Spiliten und den ihnen entsprechenden Vulkaniklastiten zusammen. Sie ist die mächtigste der drei Vulkanit-Folgen. Die Obere Vulkanit-Folge repräsentiert dagegen lediglich etwa vier kurz nacheinander erfolgte Keratophyreffusionen. Die Vulkanite aller Phasen sind vergesellschaftet mit einem breiten Spektrum vulkaniklastischer Gesteine.

Initiale Eisenerz- und Riffbildungen

pelagisch: tiefmarin; küstenfern in >200 m Wassertiefe abgelagert (äußerer Schelf bis Tiefseebecken)

Crinoiden: Seelilien; gehören wie die Seeigel und Seesterne zu den Stachelhäutern

Stromatoporen: ausgestorbene Gruppe koloniebildender Meerestiere mit Kalkskelett, heute meist den Schwämmen zugeordnet

Die Ruhephasen der vulkanischen Aktivität waren gekennzeichnet durch die strömungsbedingte Aufarbeitung und Umlagerung der vulkanischen Produkte. Auch kam es zu ersten Eisenerz- und Karbonatbildungen. In der Ruhephase zwischen Mittlerer und Oberer Vulkanit-Folge kam es an den Flanken aller Vulkane außer zur Ablagerung pelagischer Kalke in größerer Wassertiefe in flacheren Bereichen auch zu ersten riffartigen Bildungen (RUCHHOLZ & WELLER 1991, AEHNELT & WELLER 2004). Dies belegen isoliert in den vulkanogenen Gesteinen der Oberen Vulkanit-Folge auftretende Aufarbeitungsprodukte von Gesteinen nicht-vulkanischer Genese und Fragmente von Organismen. Neben Crinoiden-Schuttkalken wurden u. a. auch knollige Stromatoporen und Korallen als Bioklasten gefunden. Die genannten Autoren bezeichnen die karbonatischen Bildungen des Eifel und des tieferen Givet als Vorphasenkalke eines Schwellenstadiums, welches dem Atollstadium der Hauptphase der Riffentwicklung vorausging. In ungestörtem Lagerungsverband zwischen Mittlerer und Oberer Vulkanit-Folge sind Vorphasenkalke in einem instruktiven Untertageaufschluss im Schaubergwerk Büchenberg (**95**) aufgeschlossen.

Stadien der Riffentwicklung

Atollstadium

Zu Alterationsvorgängen in den Vulkaniten *s. Kasten Seite 42*

terrigen: von Landgebieten stammend

Mit dem Ende der vulkanischen Aktivitäten vor etwa 385 Mio. Jahren stellten sich im oberen Mitteldevon nun nachhaltig ideale Bedingungen für die Riffentwickung ein: ungetrübtes, lichtdurchflutetes, flaches Wasser unter subtropischen Klimabedingungen und ein auf Alterationsvorgänge in den Vulkaniten zurückzuführendes hohes Calciumangebot. Aufgrund der Ferne zum Festland – die Entfernung zum avalonischen Schelf wird mit mehr als 100 km angenommen – gab es so gut wie keine terrigenen Einträge. Dieser Zeitpunkt markiert den Beginn der etwa 10 Mio. Jahre währenden Hauptphase der Riffentwicklung, die in ein Atoll-, Kappen- und Demergenzstadium gegliedert wird (AEHNELT & WELLER 2004).

Noch während des Givet entwickelte sich aus anfangs wohl noch isolierten, die einstigen Vulkane umkränzenden Saumriffen durch allmähliches Zusammenwachsen ein einzelnes zusammenhängendes großes atollartiges Stromatoporen-Korallen-Kalkalgenriff. Den gesamten Raum zwischen den Vulkanen nahm seitdem eine große gezeitengeprägte Lagune ein. In diesem durch den Riffkern vor der Brandung geschützten Flachwasserbereich kamen die bis zu 600 m mächtigen gebankten Lagunenkalke zur Ablagerung, die heute im Elbingeröder Raum in großem Stil abgebaut werden.

Ihre ausgesprochen große Mächtigkeit ist auf eine kontinuierliche, tektonisch bedingte Senkung des Zentralbereichs des Riffs zurückzuführen, mit der die Sedimentation und das Riffwachstum stets Schritt halten konnten. Der überwiegende Teil der Lagune lag auf einem als Mittelscholle bezeichneten Segment, welches im Osten und Westen durch bereits weit vor dem Beginn der Riffentwicklung angelegte, etwa NW – SE-orientierte Störungen von der Ost- bzw. Westscholle getrennt wurde. Gegen die offene See wurde der lagunäre Rückriffbereich durch den aktiven Riffkern begrenzt. Dieser umschloss saumriffartig auch die einstigen Vulkane. Seeseitig akkumulierte sich bis zu 200 m mächtiger Riffschutt. An diesen Außenriffbereich schlossen sich distal pelagische Styliolinenkalke an.

Anschnitte von knolligen (oben) und ästigen Stromatoporen (Mitte) und einer koloniebildenden rugosen Koralle (Runzelkoralle, unten) im Stringocephalenkalk eines Aufschlusses im Wormketal.

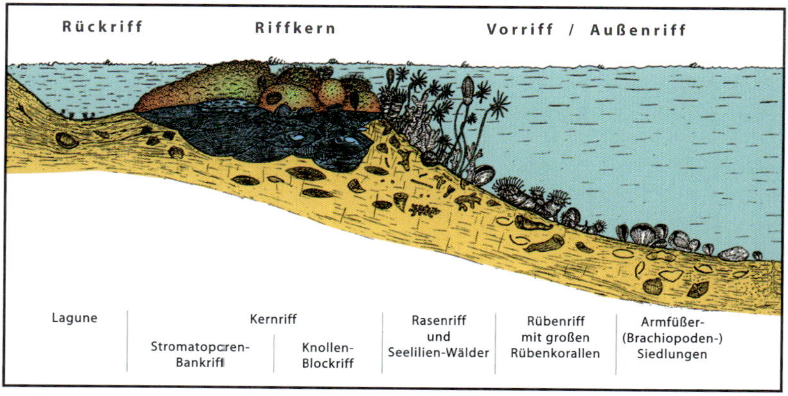

Schematischer Schnitt durch ein Riff mit Lagune, Riffkern und Vor- bzw. Außenriff (Zeichnung: C. Brauckmann, mit freundlicher Genehmigung).

Kappenstadium

Im Unterschied zu dem auf das Givet beschränkten Atollstadium sind aus dem zu Beginn des Frasne einsetzenden Kappenstadium bisher keine Lagunenkalke bekannt geworden. Der Schwerpunkt der Sedimentation hat sich, bedingt durch eine Schollenkippung (RUCHHOLZ & WELLER 1991), vom zentralen in den östlichen Teil des Riffs verlagert. Vor allem im Rübeländer Raum südlich des Braunesumpf-Sattels sind die als Iberger Kalk bezeichneten Gesteine, vorwiegend Riffschuttkalke des Außenriffbereichs, anzutreffen. Zeitlich entsprechen sie den am Iberg bei Bad Grund nahe dem westlichen Harzrand in einem großem Steinbruch abgebauten Kalken. Der Iberger Kalk ist von den Kalksteinen des Atollstadiums – früher nach dem dickschaligen, bis zu 10 cm großen Brachiopoden *Stringocephalus burtini* als Stringocephalenkalk bezeichnet – nur anhand von Fossilien zu unterscheiden, petrographisch sind sie vollkommen identisch.

Der Brachiopode Stringocephalus burtini ist der Namensgeber für den Stringocephalenkalk; a) Armklappenaufsicht, b) Seitenansicht (Zeichnung: C. Brauckmann, mit freundlicher Genehmigung).

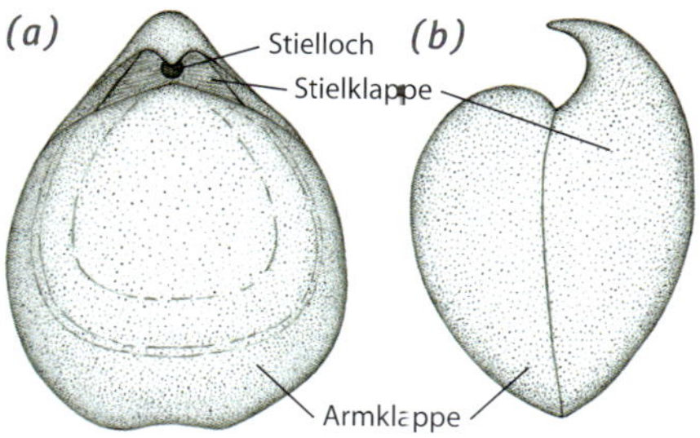

In der grottenartigen Höhlung (**93**) gegenüber der Bodebrücke in Rübeland, einem alten Abbau von sogenanntem schwarzen und grauen Marmor, und an der nahe gelegenen Herzklippe (Bärenfelsen) stehen Riffkalke an, die einzigartig im Elbingeröder Komplex sind. Die Kalkgesteine im Umfeld der Rübeländer Höhlen (**10**) sind nach WELLER (1989) Teil eines einstigen Bioherms. „Schlammhü-

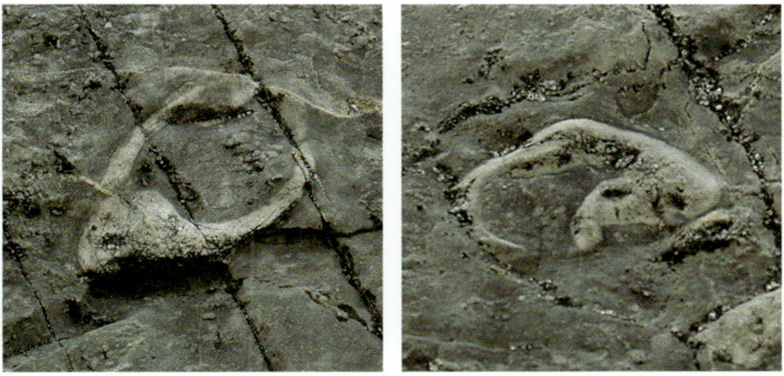

Anschnitte des dickschaligen Brachiopoden Stringocephalus burtini im Kalkstein eines kleinen Steinbruchs auf dem Galgenberg östlich von Elbingerode.

gel" und „Mud Mound" sind in der Fachliteratur häufig verwendete Bezeichnungen für diese hügelförmigen, aus feinem Kalkschlamm bestehenden Bildungen, die hier in Riffschuttkalken des Kappenstadiums eingebettet vorliegen.

Der Rübeländer Mud Mound

Als Bildungsraum wird eine durch Stillwasserverhältnisse gekennzeichnete Bucht an der äußeren Flanke des Riffs unterhalb der Wellenbasis angenommen. Die sehr wenigen Makrofossilien, die in diesen Ablagerungen gefunden wurden, belegen, dass hier offen-marine Bedingungen geherrscht haben. Den Darstellungen von Weller folgend, haben sich auf einer vermutlich strömungsbedingten initialen Sedimentakkumulation Mikroorganismen angesiedelt, die das Sediment mattenartig überzogen haben. Diese Mikroben waren in der Lage, durch Schleimabsonderung feinste Kalkpartikel aus dem Wasser zu binden und auf diese Weise zum Wachstum des Schlammhügels beizutragen. Noch bedeutender für das Wachstum aber war wahrscheinlich die durch die Assimilation induzierte Kalkausfällung. Beide Prozesse bewirkten eine gewisse Zementation und Stabilisierung der Oberfläche des gallertartigen Schlamms, während der Hügel allmählich bis an die Wellenbasis emporwuchs. Ohne diese Zementation hätte sich der Schlammhügel nicht erhalten oder überhaupt bilden können, denn ein rigides Gerüst bildende Organismen wie Korallen oder Schwämme sind nicht an seinem Aufbau beteiligt gewesen.

Rübeländer Höhlen s. Seite 43

Im Bereich der Hermannshöhle ist der etwa 30 m mächtige Schlammhügel auf einer Länge von etwa 200 m im Hang angeschnitten, aber auch auf der gegenüberliegenden Bodeseite konnte er nachgewiesen werden. Die Gesteine bei der Grotte bieten einen Blick auf den Internbau seiner höheren und flankennahen Partien. Es ist eine uneben-wellige Schichtung zu erkennen, gebildet aus einem rhythmischen Wechsel aus hellem,

Die Kalksteine in der Grotte gegenüber der Bodebrücke in Rübeland sind Teil eines einstigen Bioherms; rhythmische Wechsel heller und dunkler Lagen weisen auf wechselnde Einträge planktonischer Organismen hin (oben) und bis zu ca. 10 cm große, mit Kalkschlamm und Calcitausfällungen verfüllte Hohlräume (Stromatactis) zeugen von Rutschvorgängen (unten).

mikrobiell ausgeschiedenem und/oder gebundenem Kalkschlamm und dunklem, feinkörnigem Kalk mit darin enthaltenen fossilen Resten winziger planktonischer Organismen, die Phasen eines erhöhten Planktoneintrags markieren. Es konnte eine ursprüngliche Hangneigung von etwa 27° rekonstruiert werden. Man kann sich leicht vorstellen, dass es an den Flanken dieses Gebildes trotz der Zementation durch die Mikrobenmatten gravitativ bedingt oder durch Sturmereignisse ausgelöst häufiger zu Rutschungen gekommen ist. Das Resultat zeigt sich hier in entsprechenden Deformationen des ursprünglichen Schichtverbands. Bei dem Zergleiten der noch unverfestigten Oberflächen haben sich zwischen den Gallertklumpen als Stromatactis bezeichnete kleinere Hohlräume gebildet, die anschließend manchmal nur unvollständig mit Kalkschlamm verfüllt wurden. Der verbliebene drusenartige Hohlraum über der Füllung ist nachfolgend durch Ausfällung von Calcit ausgefüllt worden. In der Grenzfläche zwischen der Schlamm- und der Calcitfüllung hat sich auf diese Weise die einstige Horizontale der Ablagerungen manifestiert. Solche fossilen Wasserwaagen liefern, wie z. B. hier mit Blick auf die Hangneigung, wertvolle Beiträge bei der Rekonstruktion einstiger Lebensräume.

Stromatolithen s. auch Fotos und Kasten auf Seite 151 u. 152

Mit zunehmendem Höhenwachstum und steigendem Lichtangebot sind den Schlammablagerungen zunehmend gewölbte und linsenförmige, aus sich überlagernden Mikrobenmatten gebildete Stromatolithkörper eingeschaltet, die durch ihre inkrustierende Wirkung wesentlich zu einer Stabilisierung des immer dichter an die Wellenbasis reichenden Schlammhügels beigetragen haben. Ganz vorzüglich kann man am Fuß der Herzklippe ihren laminaren Aufbau an dem scharfen Wechsel zwischen dünnen Lagen aus hellen, oft rötlichen und dunklen feinkörnigen Kalken erkennen. Die Ursache für den Wechsel zwischen hellen und dunklen Lagen ist nicht bekannt. Die Rotfärbung wird durch fein verteilten Hämatit (α-Fe_2O_3) verursacht, dessen Bildung auf die Aktivität eisenoxidierender Mikroorganismen zurückgeführt wird, die gemeinsam mit den die Stromatolithlaminen bildenden Mikroben lebten. Dass trotz der inkrustierenden Wirkung durch die Stromatolithen an den Flanken Rutschungen auftraten, erkennt man an der teilweise chaotischen Lagerung der Stromatolithlagen.

Stromatolithlaminen am Fuß der Herzklippe in Rübeland.

Kellwasser-Krise und Demergenzstadium

Im mittleren Frasne leitete ein weltweiter Meeresspiegelanstieg eine Entwicklung ein, die zu einem als Kellwasser-Krise bezeichneten globalen Faunenschnitt führte. Das Riffwachstum fand ein zwischenzeitliches Ende, bevor es nach einer regressiven Phase im höheren Frasne vor gut 375 Mio. Jahren in einem Demergenzstadium nochmals kurzzeitig auflebte. Während des Oberen Kellwasser-Events im höchsten Frasne starb es endgültig ab.

Das einstige Riff bildete seit Beginn des Famenne zunächst eine Untiefe, die sich infolge anhaltender Senkungstendenzen zu einer Tiefschwelle entwickelte. Lokal begrenzt kamen während dieser Nachphase der Riffentwicklung geringmächtige Flachwasser- und später sogenannte Cephalopodenkalke als Tiefwasserbildungen zur Ablagerung. Erhalten sind diese allerdings nur sporadisch als Einspülungen von Bruchstücken in tektonisch bedingten, ursprünglich senkrecht stehenden Spalten in älteren Kalksteinen, sogenannten Neptunischen Gängen. Im Steinbruch Garkenholz (**3**)

Neptunische Gänge im Steinbruch Garkenholz nordöstlich von Kreuztal.

Das Kellwasser-Ereignis – eine globale Faunenkrise

Diese Faunenkrise, auch als Kellwasser-Krise oder Kellwasser-Event bezeichnet, repräsentiert ein globales Massenaussterbeereignis im älteren Oberdevon, wie es der Lebewelt im Verlaufe der Erdgeschichte mehrfach widerfahren ist. Mehr als 40 % aller marinen, v. a. in tropischen Klimaten beheimateten Tiergattungen starben aus, darunter auch die meisten der zu dieser Zeit maßgeblich am Aufbau von Riffen beteiligten Organismen, sodass das Riffwachstum nicht nur in unserem Ablagerungsraum ein nach geologischen Zeitmaßstäben jähes Ende fand.
Die Krise wurde durch ein zweifaches anoxisches Ereignis im mittleren und obersten Frasne ausgelöst. Zuvor leitete ein globaler Meeresspiegelanstieg mit der Überflutung großer Festlandsbereiche das Untere Kellwasser-Event ein. Derartige Transgressionen sind erdgeschichtlich an und für sich nichts Besonderes. Neu an dieser Situation war zu dieser Zeit aber der Umstand, dass die überfluteten Areale vegetationsbestanden waren, denn erst im Silur hatten die ersten Pflanzen das Land als Lebensraum erobert. Zuvor enthielten die festländischen Abtragungsprodukte keine oder nur sehr geringe Mengen an organischem Material, sodass dieser Faktor für die chemischen Umsetzungsvorgänge in den angrenzenden Meeresbereichen keine Rolle spielte. Nun aber fielen mehr oder weniger schlagartig große Mengen an abgestorbener Biomasse an, deren oxidative Zersetzung – einer verbreiteten Theorie folgend – zu einem markanten Sauerstoffmangel im Meerwasser und im Porenraum der Sedimente geführt und dadurch die Lebensräume vieler Tiergruppen quasi vergiftet hat.
Bedingt durch eine Abnahme der globalen Durchschnittstemperatur und eine Vergletscherung auf dem Gondwana-Kontinent, dessen südamerikanischer Anteil im Bereich des Südpols lag, sank der Meeresspiegel der Ozeane gegen Ende dieser ersten Faunenkrise wieder ab. Sein nachfolgender Wiederanstieg leitete schließlich das Obere Kellwasser-Event ein, welches sich noch weitaus einschneidender auf die Lebewelt auswirkte als das Untere Kellwasser-Event.
Ablagerungen als Zeugnis dieses Faunenschnitts wurden weltweit nachgewiesen. Typischerweise sind es durch organische Substanzen dunkel gefärbte Mergel und Kalksteine, die sich in einen Unteren und Oberen Kellwasser-Kalk gliedern und mit Schwarzschiefern und hellen Kalken assoziiert sind. Seinen Namen hat das Ereignis von der Typuslokalität dieser Gesteinsfolge im Kellwassertal, einem Seitental des Okertals unweit der Okertalsperre im Oberharz.

Nachphase der Riffentwicklung

erkennt man sie als steil stehende, leicht bogenförmig verlaufende und mit einem gelblich grünen feinkörnigen Material aus dem unteren Famenne verfüllte Spalten an der nordöstlichen Steinbruchwand. Ihr heutiges Einfallen steil nach Südosten und ihre Form verdanken sie der tektonischen Verstellung und Deformation im Zuge der Variszischen Gebirgsbildung.

faziell: die Bildungsbedingungen und die dadurch bedingte Gesteinsausprägung betreffend

An den Schwellenflanken und in den angrenzenden Beckenbereichen wurden die Nachphasenkalke unter ruhigen Ablagerungsbedingungen faziell durch rote und graugrüne bis grüne tonige Sedimente, sogenannte Buntschiefer, vertreten. Sie ge-

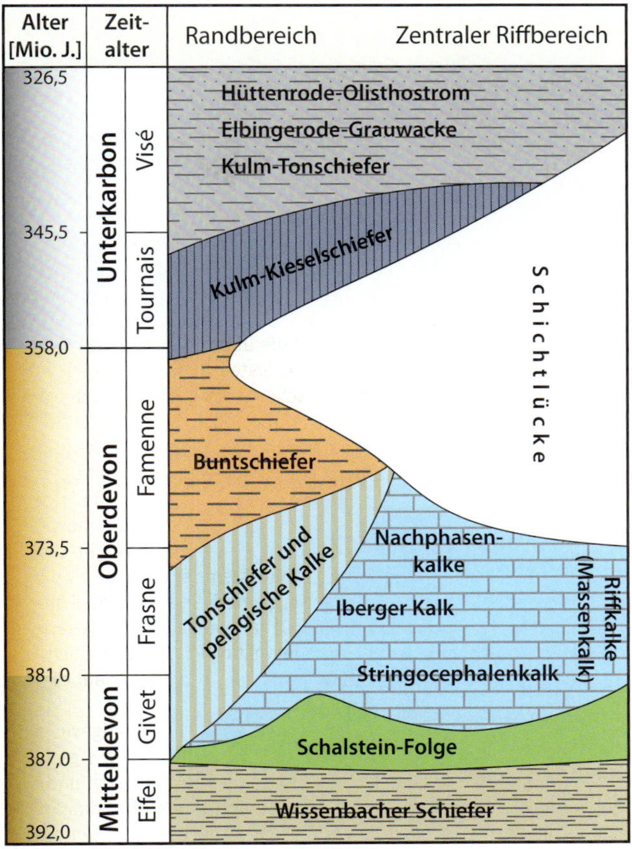

Die Profilentwicklung im Zentral- und Randbereich des Elbingeröder Riffs. Verändert nach FRIEDEL (1996).

hören wie die Kalksteine am Top der Schwelle der Elbingerode-Rahmen-Formation an und sind die jüngsten devonischen Ablagerungen, die in der unmittelbaren Umrahmung des Riffs abgelagert wurden. Einen schönen Buntschieferaufschluss bietet ein großer Hanganschnitt (**94**) oberhalb der Straße nach Susenburg unweit östlich der Zufahrt zum Kalkwerk Rübeland.

Im Zentralbereich des einstigen Riffs setzte sich die Sedimentation im Hangenden der Riffkalke dagegen erst nach einer größeren Schichtlücke im Unterkarbon mit der Ablagerung kieseliger und toniger Sedimente wieder fort. Im Fortgang der

Buntschieferaufschluss nahe der Zufahrt zum Kalkwerk Rübeland an der Straße zwischen Rübeland und Susenburg; Inset: Nahansicht der dünnblättrigen Schiefer.

Olisthostrom s. Seite 15

Hüttenröder Olisthostrom s. Karte Seite 30

Entwicklung zeugen die hangenden Grauwacken und olisthostromalen Bildungen des Hüttenröder Olisthostroms von der nahenden Heraushebung über den Meeresspiegel am Höhepunkt der Variszischen Gebirgsbildung.

Die Genese der Eisenerze

So wie die Bildung des Elbingeröder Riffs war auch die Genese der Eisenerzvorkommen im Elbingeröder Komplex an Ruhephasen bzw. das Erlöschen des effusiven Vulkanismus gebunden. Die Vererzung stand zwar räumlich, nicht aber ursächlich unmittelbar mit dem Vulkanismus in Zusammenhang, die Herkunft des Eisens ist daher auch nicht aus Fluiden abzuleiten, die den Magmakammern entstammen. Vielmehr fungierte die auch noch nach dem Erlöschen des Vulkanismus in den Vulkanbauten gespeicherte Wärme in Verbindung mit dem setzungsbedingten Austrieb von Porenwässern aus den Vulkaniklastiten als Motor für ein System aufsteigender Hydrothermalwässer. Außer zu einer Spilitisierung basaltischer Gesteine führten die Stoffaustauschreaktionen zwischen den durchströmten Vulkaniten und den bis weit über 100 °C heißen und chemisch aggressiven Hydrothermen zu einer lösungsbedingten Freisetzung von Eisen und insbesondere auch von Kieselsäure.

Spilitisierung s. Kasten Seite 42

Die Inhaltsstoffe der so beladenen Wässer wurden bei ihrem Aufstieg durch Abkühlung, veränderte Redoxbedingungen und/oder durch die Mischung mit Wässern abweichender

Beschaffenheit wieder ausgefällt. Das erfolgte teils bereits im meeresbodennahen Gestein oder Sediment, wodurch dieses v. a. mit Eisenmineralen und amorpher Kieselsäure imprägniert wurde. Betroffen davon waren insbesondere die oberen 1 – 2 Dekameter der Vulkanite und Vulkaniklastite der Schalstein-Folge, aber auch etwaige hangende Kalkgesteine in Bereichen, in denen sich Riffe entwickelten, sich Riffschutt ansammelte oder Kalkschlämme abgelagert wurden. Großenteils aber trat der Lösungsinhalt mit den Wässern am Meeresboden aus, wo es dann zu entsprechenden Fällungsreaktionen kam. Ausreichend lange Zeiträume ohne eine weitere Überlagerung durch Effusivgesteine vorausgesetzt, konnten sich auf diese Weise und gegebenenfalls durch eine nachfolgende strömungsbedingte Akkumulation der Fällungsprodukte in Depressionen am Meeresboden mehr oder weniger mächtige Erzlager bilden. Ihre mineralogische Zusammensetzung ist sehr variabel, entsprechend unterschiedlich war auch die Qualität der abgebauten Eisenerze. Vorwiegend handelt es sich um oxidische Erze, unter denen Roteisenstein, ein kieseliges hämatitreiches Erz, sehr verbreitet ist. Neben Hämatit sind Magnetit und eisenreiche Chlorite die verbreitetsten Eisenminerale.

Hämatit: Eisenglanz, Roteisenstein, α-Fe_2O_3

Magnetit: Magneteisen(stein), Fe_3O_4

Chlorit: ein Schichtsilikat (Tonmineral)

Derartige stratiforme, durch synsedimentäre hydrothermal-exhalative Vorgänge gebildete Eisenerzlagerstätten werden weltweit mit der Bezeichnung „Lahn-Dill-Typ" charakterisiert, benannt nach den etwa gleichaltrigen ausgedehnten Vorkommen gleicher Genese in der Lahn- und Dillmulde im Rheinischen Schiefergebirge. Auch im Oberharzer Diabaszug und in den Stie-

Vererzung mit kieseligem Roteisen am Mundloch eines Wasserlösestollens im Steinbachtal; Insets: Nahansicht des anstehenden hämatitischen Erzes und Erzbrocken als Lesesteine.

Der Lagerhorizont aus vererztem Riffkalk im Schaubergwerk Büchenberg.

ger Schichten der Südharz- und Selkemulde treten Roteisenstein-Erze des Lahn-Dill-Typs auf und waren Gegenstand bergbaulicher Aktivitäten. Allerdings waren die dortigen Vorkommen längst nicht so ergiebig wie die im Elbingeröder Komplex.

Vulkanit-Folgen s. Seite 163

Hydrothermal-exhalative Vorgänge fanden zwar auch in vulkanisch aktiven Zeiten statt, doch erst mit Nachlassen der Eruptionstätigkeit konnten sich Eisenerzlager größerer Mächtigkeit bilden. Bereits in den Ruhephasen des Vulkanismus kam es zu Erzbildungen. Das zwischen der Mittleren und Oberen Vulkanit-Folge eingeschaltete Schalsteinlager erreichte teilweise bauwürdige Mächtigkeiten. Die Bildung des weitaus ergiebigeren Erzlagers unmittelbar im Hangenden der Oberen Vulkanit-Folge, des sogenannten Lagerhorizonts, setzte aber erst nach Erlöschen des Vulkanismus zeitgleich mit dem Beginn der Hauptphase der Riffentwicklung ein. Nicht überall sind alle drei Vulkanit-Folgen entwickelt. Lokal kamen über der Mittleren Vulkanit-Folge keine weiteren Vulkanite zur Ablagerung, sodass sich das Schalsteinlager zum Haupterzlager entwickeln konnte.

Untertageaufschlüsse im Schaubergwerk Büchenberg

Rübeländer Marmor s. Seite 37

Da Riffbildung und die Akkumulation von Eisenerzen zeitgleich einsetzten, sind die den Flanken der einstigen Vulkane aufsitzenden Riffschuttkalke basal oftmals in unterschiedlichem Ausmaß mit Eisenoxiden imprägniert worden. Der Rübeländer Marmor ist ein eindrucksvolles Zeugnis dieser Vorgänge. Die Durchsetzung der Kalke mit Eisenerzen hat vielfach eine bauwürdige Intensität erreicht, was man an nicht minder eindrucksvollen Untertageaufschlüssen bei einem Besuch des Schaubergwerks Büchenberg (**95**) beobachten kann. Ab-

Drei in feinkörnige Aschentuffe der Mittleren Vulkanit-Folge eingelagerte eisenerzführende kieselige Kalksteinhorizonte (Vorphasenkalke, Fe) bilden das Schalsteinlager im Schaubergwerk Büchenberg.

gebaut wurde der etwa 10 m mächtige, steil stehende und intensiv rot gefärbte Lagerhorizont, der den gesamten, hier nur sehr geringmächtig entwickelten Riffkalk umfasst. Dieser liegt den etwa 50 m mächtigen Vulkaniten der Oberen Vulkanit-Folge auf und wird im Hangenden von unterkarbonischen Kieselschiefern und Kulm-Tonschiefern überlagert.

Hinweis: Am Schaubergwerk beginnt und endet ein Bergbaulehrpfad

Aus geowissenschaftlicher Sicht von herausragender Bedeutung ist ein Aufschluss des Schalsteinlagers auf der 1. Sohle des Bergwerks. Deutlich zu erkennen sind drei Horizonte aus eisenerzführendem kieseligem Kalkstein. Eingelagert sind diese in feinkörnige Aschentuffe des obersten Abschnitts der Mittleren Vulkanit-Folge, welche von Keratophyrbrekzien mit z. T. großen Klasten aus Lavafragmenten unterlagert werden. Überlagert werden die Aschentuffe von einem Keratophyr, der die Basis der Oberen Vulkanit-Folge darstellt. Aus diesen Lagerungsverhältnissen kann nur geschlossen werden, dass die Kalksteinhorizonte als Vorphasenkalke anzusprechen sind, die nach WELLER (1991b) frühe Riffsedimente vulkanisch weniger aktiver Phasen repräsentieren.

Brekzie: durch ein Bindemittel verfestigte eckige Gesteinsbruchstücke

Vorphasenkalk *s. Seite 164*

Sulfidische Eisenerze

Außer in oxidischer Form tritt Eisen im Elbingeröder Komplex zuweilen auch als Sulfid auf, wenn auch meist nur in Spuren. Das einzig bedeutende Vorkommen von Schwefelkies (Pyrit, FeS_2) des Elbingeröder Komplexes findet sich zwischen Elbingerode und Rübeland. Es wurde in der Grube Einheit bis 1990 in großem Stil abgebaut. Das später hier eingerichtete, nach dem früheren Namen der Grube benannte Besucherbergwerk Drei Kronen & Ehrt musste Ende 2015 leider geschlossen wer-

Foto des Schachtgerüsts der Grube Einheit *s. Seite 10*

den. Wie die Lahn-Dill-Erze ist die Genese dieser Lagerstätte an hydrothermale Vorgänge geknüpft. Noch vor Beginn der Hauptphase der Riffentwicklung führten submarine Exhalationen zur Ausfällung von feinkörnigem Pyrit, der sich in Senken in den Keratophyren im Umfeld der Austrittsstellen zu linsenförmigen Massiverz-Körpern akkumulierte. Aus diesen ging das bis über 20 m mächtige sogenannte Massiverzlager, auch als Lagererz bezeichnet, hervor (FRANZKE & SCHWAB 2011, STEDINGK et al. 2002). In den Keratophyen an der Grenze zu den überlagernden Riffkalken erfolgte eine weitere Vererzung in Form einer intensiven Imprägnation von Klüften und sonstigen Hohlräumen.

Metasomatose: stoffliche Veränderung durch heiße, mineralhaltige Lösungen

Tatsächlich gibt es darüber, ob die Sulfide selbst die Ausfällungsprodukte waren, oder ob sie sich erst im Nachhinein metasomatisch als Folge einer Schwefelzufuhr aus Eisenoxiden gebildet haben, unterschiedliche Auffassungen. Als mögliche Schwefelquelle werden Tonschiefer mit einem erhöhten Gehalt an organischer Substanz angenommen. Bislang gibt es auch noch keine überzeugende Vorstellung über die Genese der lateralen und im Hangenden des Massiverzlagers beobachteten Verzahnung mit hämatitischen Erzen.

Limonit: Brauneisenerz; ein oft mulmartiges Gemisch aus Goethit (α-FeOOH) und Lepidokrokit (γ-FeOOH)

Verkarstung s. Kasten Seite 44

Bevor der Bergbau auf die Gewinnung der sulfidischen Erze selbst aus war, baute man bis Ende des 19. Jh. den sogenannten Eisernen Hut, die Oxidationszone der Sulfidlagerstätte, in einer großen, bis zu 40 m tiefen Pinge (**96**) 600 m südwestlich des einstigen Bergwerks im Tagebaubetrieb ab. Pyrit ist sehr verwitterungsanfällig und wandelt sich unter dem Einfluss meteorischer Wässer schnell zu Limonit um. Die Oxidationszone umkränzte ringförmig einen zentralen Keratophyrkegel. Entsprechend geformt ist die als „Großer Graben“ bezeichnete Pinge nahe dem weithin sichtbaren Schachtgerüst der Grube Einheit. Vermutlich ist der Beginn der Oxidationsvorgänge in das Alttertiär zu setzen, da zu dieser Zeit auch die Intensität der Verkarstung zunahm.

Mit dieser ergänzenden Darstellung der einzigartigen geologischen Entwicklung des Elbingeröder Komplexes, welche mehr als 350 Millionen Jahre später diesem Teil des Harzes und einer Region weit darüber hinaus eine ganz eigene bergbau- und kulturgeschichtliche Entwicklung bescherte, möchte der Autor seine Leserinnen und Leser nun in die eigenständige Erkundung der faszinierenden Harzregion entlassen.

Nützliches und Informatives

Info-Materialien und geologische Kartenwerke

Die Tourist-Informationen und nahezu alle öffentlichen Einrichtungen bieten dem Besucher ein thematisch breit gefächertes Angebot an kostenlosen Info-Materialien. Besonders hervorheben möchte der Autor die vom Regionalverband Harz e.V. herausgegebenen „Landmarken“, die auf gut gestalteten Faltblättern ausgewählte geologische Sehenswürdigkeiten in jeweils einer von insgesamt 18 Teilregionen des Geoparks vorstellen. Unter den zahlreichen weiteren Materialien seien auch die vom selben Verband herausgegebenen Faltblätter erwähnt, die unter dem Titel „Natur erleben . . .“ nicht nur zur Natur entlang ausgewählter Wege eine Fülle weiterer wissenswerter Informationen bieten.

Zur allgemeinen Übersicht seien folgende geologische und geotouristische Kartenwerke empfohlen:

GEOLOGISCHES LANDESAMT SACHSEN-ANHALT (Hrsg.) (1998): Geologische Karte Harz 1 : 100 000, Halle.

LANDESAMT FÜR GEOLOGIE UND BERGWESEN SACHSEN-ANHALT (Hrsg.) (2006): Geotourismus im Harz: Geologisch-montanhistorische Karte des Harzes 1 : 100 000, Halle (Saale).

LANDESAMT FÜR GEOLOGIE UND BERGWESEN SACHSEN-ANHALT (Hrsg.) (2014): Geotourismus im Mittelharz: Geologisch-montanhistorische Karte Elbingeröder Komplex 1 : 20 000 mit Geologischer Karte Elbingeröder Komplex 1 : 25 000, Halle (Saale).

Wesentlich detaillierter als die Übersichtskarten sind die amtlichen geologischen Karten im Maßstab 1 : 25 000 (GK 25). Die in diesem Buch vorgestellte Region erstreckt sich über folgende Blätter:

4129 Bad Harzburg
4130 Wernigerode
4131 Derenburg
4132 Halberstadt
4229 St. Andreasberg (Braunlage)
4230 Elbingerode/Harz
4231 Blankenburg/Harz
4232 Quedlinburg
4233 Ballenstedt
4330 Benneckenstein/Harz

Informations- und Anlaufstellen

Museen

Harzmuseum Wernigerode (97)
Klint 10, 38855 Wernigerode

Der naturgeschichtliche Teil führt anhand von Fossilien, Mineralen und Gesteinen durch die erdgeschichtliche Entwicklung des Lebens und die geologische Geschichte des Harzes. Auch über die heutige Tier- und Pflanzenwelt des Harzes bietet das Museum vielfältige Informationen.

www.harzmuseum.de

Heimatmuseum Altenbrak (98)
Unterdorf 5, 06502 Thale OT Altenbrak

Bietet u. a. auch eine kleine Ausstellung von Gesteinen, Mineralen und Fossilien.

www.bodetal.de/urlaub-im-harz/urlaubsregion-bodetal/ausflugsziele/museen-ausstellungen/heimatmuseum-altenbrak.html

Hütten- und Technikmuseum Ilsenburg (99)
Marienhöfer Str. 9 b, 38871 Ilsenburg

Ausstellung u. a. zu den Themen Siedlungsgeschichte, Eisengewinnung und -verarbeitung, Eisenkunstguss, Köhlerei und Torfstecherei im Brockengebiet. Funktionsfähige Holzmodelle von wasserkraftgetriebenen eisenverarbeitenden Betrieben komplettieren die Ausstellung.

www.stadt-ilsenburg.de

Museum Heineanum (100)
Domplatz 36, 38820 Halberstadt

Kleine, aber sehr informative erdgeschichtliche Abteilung u. a. mit Saurierskeletten und einem Stromatolithen als Exponate. Das Museum bietet v. a. eine didaktisch auch für das jüngere Publikum hervorragend konzipierte Ausstellung über Vögel allgemein und die heimische Vogelwelt.

www.halberstadt.de/de/museum_heineanum_neu.html

Besucherbergwerke und Schauhöhlen

Bergwerksmuseum Grube Glasebach (101)
Glasebacher Weg, 06493 Harzgerode OT Straßberg

Vielzahl von Anlagen und Gerätschaften auf dem Außengelände. Das Ausstellungsgebäude bietet Informationen zur Geologie, Bergbautechnik und Nutzung der Wasserkraft sowie eine Gesteins- und Mineraliensammlung.

www.strassberg-harz.de

Rübeländer Tropfsteinhöhlen (10)
Baumannshöhle
Blankenburger Straße 36, 38889 Oberharz am Brocken OT Rübeland
Hermannshöhle
Hasselfelder Straße 2, 38889 Oberharz am Brocken OT Rübeland

Im Foyer beider Höhlen vermitteln Vitrinen und Tafeln Informationen zur Höhlenentwicklung und über Funde von Tierknochen und Steinwerkzeugen.

www.harzer-hoehlen.de

Schaubergwerk Büchenberg (95)
Büchenberg 2, 38855 Elbingerode

Ausstellung zu Geologie und Bergbau im Eingangsbereich, Beginn und Ende eines Bergbaulehrpfads.

www.schaubergwerk-elbingerode.de

Weitere besuchenswerte Einrichtungen

Geologisches Fenster im Bürgerpark Wernigerode (102)
Dornbergsweg 27, 38855 Wernigerode

Ca. 50 m langer geologischer Schnitt, gestaltet aus den die jeweiligen Gesteinseinheiten repräsentierenden Gesteinsbruchstücken. Darstellung der erdgeschichtlichen Entwicklung und des geologischen Baus der Region zwischen Harzvorland bei Wernigerode und Elbingeröder Komplex. Schautafeln mit Texten, Karten und geologischen Schnitten ergänzen die Installation.

www.wernigerode.de/de/buergerpark-wr.html

Harzköhlerei Stemberghaus (103)
Stemberghaus 1, 38899 Hasselfelde (an der B 81 zwischen Wendefurth und Hasselfelde)

Hier kann man den Köhlern noch bei ihrem Handwerk über die Schulter schauen. Mit der Ausstellung, dem Freigelände und dem Köhlerlehrpfad werden alle Fragen zur Herstellung und Nutzung von Holzkohle beantwortet.

www.harzkoehlerei.de

Informationszentrum an der Talsperre Wendefurth (104)
Am Stausee, 06502 Thale OT Wendefurth

Videovorführung und Führung durch die Staumauer zu einem Erkundungsstollen im Wissenbacher Schiefer. Am Tosbecken unterhalb der Staumauer befindet sich ein geologischer Informationspunkt mit Gesteinsgarten.

www.talsperren-lsa.de

Infopunkt des Harzer Urania e. V. an der Rappbodetalsperre (105)
Unweit des Parkplatzes oberhalb der Talsperre gelegen

Referenten vor Ort und Schautafeln informieren über das Talsperrensystem der Bode.

www.harzer-urania-wernigerode.de

Nationalparkhäuser
Ausstellungen, Info-Materialien, Führungen und Bildungsangebote zu den Themen Natur- und Artenschutz, Waldentwicklung, Moore und Naturerlebnis.

Brockenhaus (**106**)
Auf dem Gipfel des Brockens gelegen

Diese Einrichtung ist gleichzeitig ein Geopark-Infozentrum. Ausstellung zur Geschichte des Brockens.

www.nationalpark-brockenhaus.de

Nationalpark-Besucherzentrum TorfHaus (**107**)
Torfhaus 8, 38667 Torfhaus

Diese Einrichtung ist gleichzeitig ein Geopark-Infozentrum.

www.torfhaus.info

Nationalparkhaus Ilsetal (**108**)
Ilsetal 5, 38871 Ilsenburg

www.nationalpark-harz.de/de/besucherzentren/nlph_ilsetal/

Nationalparkhaus Schierke (**109**)
Brockenstraße, 38879 Schierke

www.nationalpark-harz.de/de/besucherzentren/nlph_schierke/

Naturerlebniszentrum HohneHof (**110**)
Drei Annen Hohne 100, 38879 Schierke (nahe HP Drei-Annen-Hohne der Brockenbahn)

Veranstaltungen v. a. für Kinder

www.nationalpark-harz.de/de/besucherzentren/nlph_drei_annen_hohne/

Empfehlenswerte Internetadressen

Geologie, Bergbau, Naturerlebnis, Talsperren

Fels-Werke GmbH
www.fels.de

Geopark Harz . Braunschweiger Land . Ostfalen
www.geopark-harz.de

Harzklub e. V.
www.harzklub.de

Landesamt für Geologie und Bergwesen (LAGB)
www.lagb.sachsen-anhalt.de

Nationalpark Harz
www.nationalpark-harz.de

Natursteinwerk Wernigerode GmbH
www.harzgranit.de

Schaubauernhof in Tanne
www.brockenbauer.de

Talsperrenbetrieb Sachsen-Anhalt
www.talsperren-lsa.de

Tourismus

Bodetal Tourismus GmbH
www.bodetal.de

Harzer Tourismusverband e. V.
www.harzinfo.de

Landkreis Harz – Tourismus
www.kreis-hz.de/de/service.html

Regionalverband Harz e. V.
www.harzregion.de

Tourismusbetrieb der Stadt Oberharz am Brocken
www.oberharzinfo.de

Lage, Beschreibung und geographische Koordinaten wichtiger Lokalitäten

Die nachfolgend angeführten Koordinaten beziehen sich auf das World Geodetic System 1984 (WGS84). Die Nummern entsprechen den im Exkursionskapitel angegebenen sowie denen auf der Übersichtskarte im vorderen Umschlag.

	Lage und Beschreibung	Nordwert	Ostwert	Seite
1	Ehem. **Zechengelände der Grube Braunesumpf** nördl. Hüttenrode, Info-Tafeln	N 51.78121°	E 10.91113°	31
2	Große **Pinge am Holzberg,** ehem. Eisenerzabbau im Holzberglager, Info-Tafel	N 51.78106°	E 10.90196°	32
3	**Stbr. Garkenholz** nahe Kreuztal, Riffschuttkalke, Neptunische Gänge, Dolinen	N 51.76507°	E 10.87443°	33, 169
4	**Blauer See** nahe Kreuztal, durch Karstwässer gespeister abflussloser See	N 51.76333°	E 10.86896°	34
5	**Grauwacken-Tonschiefer-Wechsellagerung,** Felsanschnitt in Kreuztal an der Abzw. nach Neuwerk	N 51.75845°	E 10.86387°	35
6	**Schachtpinge am Krockstein,** ehem. Abbau von Rübeländer Marmor	N 51.75840°	E 10.86757°	35
7	Einstiger **Hütteplatz in Neuwerk,** Info-Tafeln zur Bergbaugeschichte	N 51.75213°	E 10.87522°	39
8	**Diabasstbr. an Bode** östl. Neuwerk, stockförmige Intrusion, grobkörniger Diabas	N 51.75183°	E 10.88547°	39
9	**Einmündung d. Schiefertals in das Bodetal,** talaufwärts mehrere alte Brüche in Wissenbacher Schiefern	N 51.74806°	E 10.88854°	40
10	**Hermanns- u. Baumannshöhle** (Messpkt.) in Rübeland, durch Verkarstung gebildete Tropfsteinhöhlen	N 51.75469°	E 10.84331°	43, 166, 179
11	**Ruine Birkenfeld** mit Info-Tafel auf fossilreichen Riffkalken oberh. Rübeland **nahebei:** Aussichtspavillon Hoher Kleef	N 51.75304°	E 10.84296°	47

	Lage und Beschreibung	Nordwert	Ostwert	Seite
12	**Brauhausquelle,** durch Karstwässer gespeister Brunnen in der Torstraße in Elbingerode	N 51.76907°	E 10.80216°	48
13	**Tagebau Elbingerode,** Aussichts- und Info-Punkt südl. Elbingerode **nahebei:** Kalkblöcke an Steinbruchkante mit Biogenen und Calcitkristallen	N 51.75999°	E 10.80186°	48
14	**Grube Blanke Wormke** im Wormketal bei Mandelholz, ehem. Abbau kieseliger Roteisenerze	N 51.74425°	E 10.72493°	50
15	**Klippen aus Vulkaniklastiten** der Schalstein-Formation an der Einmündung d. Steinbachtals auf die B 27	N 51.75105°	E 10.74834°	51
16	Hoher **Straßenanschnitt in Keratophyren und Tuffiten** der Schalstein-Formation am W-Hang d. Bockbergs **nahebei:** Königshütter Wasserfall unweit der Bahnbrücke	N 51.75018°	E 10.75591°	51
17	**Stbr. in Riffkalken** mit Trum eines roteisenreichen Kalks am Bockberg	N 51.74959°	E 10.75794°	52
18	**Stbr. in Grauwacken u. Grauwackenschiefern** mit vielfältigen Gefügemerkmalen am SW-Hang d. Katzenbergs in Königshütte	N 51.74195°	E 10.76757°	53
19	Beginn einer **Aufschlusskette im Hüttenrode-Olisthostrom** an der Überleitungssperre mit Anschnitten eines **Mittelharzer Gangs** u. in **grobkörnigen Diabasen**	N 51.74174°	E 10.77523°	54
20	**Kalksteinblöcke mit grobspätigen Calcitmineralen** am Parkplatz unterh. der Ruine der Königsburg in Königshütte	N 51.73873°	E 10.76506°	57
21	Weganschnitt in **Wissenbacher Schiefern** ca. 500 m südl. d. Parkplatzes unterhalb der Ruine der Königsburg, Säbelwuchs der Fichten an der Abbruchkante	N 51.73460°	E 10.76448°	58

	Lage und Beschreibung	Nordwert	Ostwert	Seite
22	Weg- und Hanganschnitt in **Grauwacken u. Grauwackenschiefern** oberh. Warmer Bode **nahebei:** Hangschutt aus Grauwacken unterschiedlicher Ausprägung	N 51.72678°	E 10.76842°	61
23	Klippen aus **Grauwacken-Grauwackenschiefer-Wechselfolgen** mit ausgedehnten **Hangschuttbildungen** nördl. der Einmündung d. Heiligentals in das Tal der Warmen Bode	N 51.72362°	E 10.76795°	62
24	**Bodeachate** im Bachbett bei der Furt durch die Warme Bode ca. 1 km südwestl. der Einmündung d. Heiligentals	N 51.71548°	E 10.75565°	64
25	**Schwermetallrasen**, ehem. Schlackenhalde einer mittelalterlichen Kupferhütte an der Warmen Bode, Info-Tafel	N 51.71068°	E 10.73979°	65
26	Aussichtspunkt auf dem **Kapitelsberg**, Blick u. a. über die Bergwiesen um Tanne u. Sorge	N 51.70595°	E 10.74003°	66
27	Klippen aus **Grauwacken-Grauwackenschiefer-Wechsellagerungen** an Warmer Bode unterh. Kapitelsberg	N 51.70610°	E 10.73826°	66
28	**Bergwiesen südl. von Benneckenstein**, Beginn eines **Bergwiesen-Lehrpfads** nahe d. GH Waldschlösschen	N 51.65585°	E 10.71484°	68
29	**Calcium-Radium-Quelle** im Röhrengrund bei Stecklenberg	N 51.72908°	E 11.08996°	70
30	**Behringer-Brunnen** am Kurpark in Bad Suderode	N 51.72545°	E 11.11697°	70
31	Aussichtspunkt **Rosstrappenfelsen** oberh. Thale, Ausblicke ins Bodetal und Harzvorland, Granit mit Quarzgängen	N 51.73515°	E 11.01819°	73
32	**Homburgwarte** am N-Rand d. Hexentanzplatzes oberh. Thale, Ausblick über die Schichtrippenlandschaft	N 51.73816°	E 11.03190°	75

	Lage und Beschreibung	Nordwert	Ostwert	Seite
33	Aussichtspunkt **La Viershöhe** auf dem Hexentanzplatz oberh. Hirschgrund, Blick in und über das Bodetal **nahebei:** Hornfels-Aufschluss unterh. Abzw. Richtung Hirschgrund	N 51.73063°	E 11.01666°	76
34	Aussichtspunkt **Bodetalblick** am Langen Hals, Blick in und über das Bodetal **nahebei:** Aussichtspunkt Prinzensicht	N 51.73337°	E 11.00710°	77
35	**Bodeklamm** im Hirschgrund beim GH Königsruhe, Granit mit Wollsackverwitterung	N 51.73333°	E 11.01811°	78
36	Aktives **Geröllfeld der Schurre** im Hang unterh. d. Rosstrappenfelsens, Bergsturz	N 51.73592°	E 11.01626°	79
37	Stromschnelle am **Bodekessel** mit Schliffkehlen und Strudeltöpfen in der Bodeklamm oberh. der Teufelsbrücke **unweit oberhalb:** Hornfelsschutt-bedeckter Hang	N 51.73591°	E 11.01342°	80
38	Weganschnitt d. **Kontakts zw. Granit und Hornfels** am Ende d. Anstiegs oberh. d. Bodekessels	N 51.73608°	E 11.01234°	81
39	**Knotenschieferschutt**-bedeckter Hang im Bodeta	N 51.73656°	E 11.00209°	82
40	**Felsblock aus Kalksilikathornfels** am Weg südl. der Einmündung d. Gr. Taschengrunds in das Bodetal **unweit nördlich:** weitere kleine Klippen aus Kalksilikathornfels **nahebei:** Querschnitt durch den nördl. Ast d. Bodegangs in Wegböschung	N 51.73208°	E 11.00057°	83
41	Querschnitt durch den südl. Ast d. **Bodegangs** oberh. d. Wegs 250 m vor der Einmündung d. Kästentals in das Bodetal	N 51.73082°	E 10.99348°	84

	Lage und Beschreibung	Nordwert	Ostwert	Seite
42	Klippe aus **Wissenbacher Schiefer** kurz südl. der Taleinmündung d. Kästentals in das Bodetal	N 51.72824°	E 10.99197°	84
43	Weganschnitte in **kontaktmetam. Tonschiefern mit Quarzit- u. Kalksilikatfelslagen** im Bodetal bei Hangbrücke um einen Geländesporn, von Störungen durchzogene Faltenstruktur, Boudinage	N 51.72627°	E 10.98245°	86
44	Kleiner **Stbr. im Bodetal-Kersantit** südl. Treseburg oberh. d. Straße nach Allrode	N 51.71180°	E 10.97026°	85
45	Stollenmundloch der **Braunschweigischen Zeche** in Treseburg, hydrothermale Gangstruktur, Info-Tafel	N 51.71763°	E 10.97060°	87
46	**Ehem. Treseburg** auf den Burgberg **im Umfeld:** Pingen im Diabas mit Quarzgängen, ehem. Bergbau auf Katzenaugenquarz	N 51.71821°	E 10.97180°	88
47	Aussichtspunkt **Wilhelmsblick** auf dem Kamm eines **Mäanderhalses** **nahebei:** Aussichtspunkte Krügerslust und Dobblers Höhe, Tunnel durch Felsgrat	N 51.72283°	E 10.96605°	89
48	**Moränenbildungen** in der Steinernen Renne unweit südwestl. d. Wasserkraftwerks, wallartig die Talsohle bedeckende Granitblöcke	N 51.81583°	E 10.72042°	95
49	Klippe **Silberner Mann** mit Quarzmineralisationen in der Steinernen Renne, hydrothermale Gangstruktur	N 51.81451°	E 10.71751°	96
50	Brücke über Holtemme beim **GH Steinerne Renne** oberh. der **Wasserfälle**	N 51.80458°	E 10.69971°	97
51	**Hohensteinklippen** am Oberen Hohneweg, verfallene Granitfelsburgen, Aussichtspunkt	N 51.79295°	E 10.70730°	97
52	**Ottofelsen,** besteigbare Granitfelsburg, 360°-Blick	N 51.79666°	E 10.71202°	98

	Lage und Beschreibung	Nordwert	Ostwert	Seite
53	Aufschlusswand in **stark vergrustem Granit** oberh. d. Thumkuhlentals	N 51.80124°	E 10.71190°	100
54	Ehem. **Dioritstbr.** oberh. d. Thumkuhlentals, **Granit als Apophyse in Quarziten**, hydrothermaler **Quarzgang**	N 51.80685°	E 10.71447°	101
55	Der südwestliche von zwei **Hanganschnitten im Unteren Wernigerode-Flinz** am S-Ufer d. Braunen Wassers im Thumkuhlental	N 51.80782°	E 10.72709°	102
56	Mundloch u. kleinen Halden der **Grube Aufgeklärtes Glück** im Thumkuhlental, **hydrothermaler Gang** mit farbenfrohen Ausfällungen, Info-Tafel **nahebei:** funktionsfähiger Nachbau einer hist. Wasserkunst, Info-Tafel	N 51.80853°	E 10.72979°	104
57	**Lossen-Denkmal** an der Einmündung d. Thumkuhlentals auf die Straße Hasserode – Drei-Annen-Hohne, Beginn eines **geologisch-naturkundlichen Lehrpfads**, Info-Tafel	N 51.81103°	E 10.73491°	105
58	Stollenmundloch der **Grube König Friedrich** unweit östl. d. Bf. Steinerne Renne, Info-Tafel	N 51.81691°	E 10.72993°	105
59	Weganschnitt in **Plattenschiefern der Wernigerode-Formation** an der Bielsteinchaussee westl. d. Abzw. der Goslarschen Gleie	N 51.81832°	E 10.72868°	106
60	**Feuersteinklippe** unweit nördl. Bf. Schierke, Granitfelsburg	N 51.76655°	E 10.67689°	107
61	**Ahrensklint** nördl. Schierke, besteigbare Granitfelsburg aus Dach- bzw. Kerngranit am Rand einer Hornfelsscholle	N 51.77323°	E 10.66695°	109
62	**Glashüttenwiese** am S-Rand d. Jakobsbruchs, ehem. Standort eines Torfwerks und einer Glashütte	N 51.77682°	E 10.67406°	109

	Lage und Beschreibung	Nordwert	Ostwert	Seite
63	**Leistenklippe,** besteigbare Granitfelsburg auf dem Hohnekamm, 360°-Blick **nahebei:** im Bereich d. Grenzklippe weitere Aussichtspunkte	N 51.78168°	E 10.69423°	111
64	**Bärenklippe,** kl. Hornfelsklippe auf dem Hohnekamm, Aussichtspunkt	N 51.77703°	E 10.69863°	112
65	**Trudenstein,** kl. besteigbare Granitfelsburg zw. Schierke u. Drei-Annen-Hohne	N 51.77209°	E 10.69659°	113
66	**Kiesgrube** zw. Schierke u. Drei-Annen-Hohne, ehem. Abbau von Granitgrus	N 51.77130°	E 10.70967°	114
67	**Granitstbr. Knaupsholz,** temporär Gewinnung von Granit und Grus	N 51.77074°	E 10.69730°	115
68	Beginn d. **Holzbohlenstegs durch das Gr. Torfhausmoor** südöstl. Torfhaus	N 51.79731°	E 10.54678°	118
69	**Aussichtsplattform am E-Rand d. Bodemoors,** Info-Tafeln	N 51.77880°	E 10.57374°	123
70	**Rastplatz Eckersprung** oberh. der Eckerquelle	N 51.78783°	E 10.58612°	124
71	**Anschnitt im Torfkörper** des Goethemoors am Neuen Goetheweg	N 51.79392°	E 10.60675°	127
72	Felsformationen **Teufelskanzel u. Hexenaltar** aus Kern- bzw. Dachgranit am Rundweg um den Brockengipfel	N 51.79775°	E 10.61639°	129
73	Ehem. **Gipsstbr.** (Mammutbruch, Zechstein) am Elzeberg nordwestl. Stecklenberg	N 51.73924°	E 11.07313°	132
74	**Teufelsmauer bei Neinstedt,** Felsformationen aus verkieseltem Heidelberg-Sandstein **nahebei:** Teufelsmauergarten, Info-Tafeln	N 51.75785°	E 11.08285°	136
75	Eiszeitliche **Findlinge** aus kristallinen Gesteinen an der St. Katharinenkirche auf dem Kirchberg in Neinstedt	N 51.74955°	E 11.08644°	136

	Lage und Beschreibung	Nordwert	Ostwert	Seite
76	**Sandgrube** nahe der Warnstedter Mühle am südöstl. Ortsrand von Warnstedt, Heidelberg-Sandstein mit vielfältigen Sedimentstrukturen	N 51.77043°	E 11.06629°	140
77	Besteigbare **Felsformation Großvaterfelsen** aus verkieseltem Heidelberg-Sandstein auf Teufelsmauer bei Blankenburg, 360°-Blick	N 51.78639°	E 10.96729°	141
78	**Felsformation Hamburger Wappen** aus verkieseltem Heidelberg-Sandstein auf Teufelsmauer bei Timmenrode	N 51.77729°	E 11.00173°	141
79	Besteigbare **Felsformation Gr. Gegenstein** nördl. Ballenstedt aus verkieseltem Involutus-Sandstein, 360°-Blick, Info-Tafel **unweit westlich:** Felsformation Kleiner Gegenstein **unweit östlich:** Aufschlüsse im Involutus-Sandstein im Hohlweg u. in den angrenzenden Steinbrüchen	N 51.73671°	E 11.22613°	141
80	**Kalkstbr. am Bückeberg** nördl. Gernrode, steil stehende Sedimente der Wellenkalk-Folge (Unt. Muschelkalk)	N 51.73354°	E 11.13941°	143
81	**Bahneinschnitt am Kirchenberg** am NW-Rand von Thale, steil stehende Sedimente d. Unt. Buntsandsteins, vielfältige Sedimentstrukturen	N 51.75523°	E 11.02719°	146
82	**Aussichtsturm auf dem Austberg** bei Benzingerode, Blick über die Schichtrippenlandschaft zw. Wernigerode u. Blankenburg	N 51.83770°	E 10.85925°	148
83	**Wegdurchbruch zw. Struven- u. Ziegenberg**, steil stehende Gesteinsfolge vom Unt. Muschelkalk bis Keuper	N 51.82607°	E 10.89388°	149
84	Ehem. **Abbau von Rogenstein** (Unt. Buntsandstein) im Hellbachtal südöstl. Benzingerode, Stromatolithen, Info-Tafel	N 51.82564°	E 10.88618°	150

	Lage und Beschreibung	Nordwert	Ostwert	Seite
85	Rekonstruiertes **Stollenmundloch mit Hunt** im Teufelsbachtal, ehem. Abbau von oligozänen Grünsanden, Info-Tafel	N 51.81451°	E 10.91134°	153
86	**„Cloos'scher Aufschluss"** in Wegböschung im Teufelsbachtal, Ob. Muschelkalk diskordant von Oberkreide überlagert, Info-Tafel	N 51.81311°	E 10.91731°	153
87	**Einschnitt d. Klostergrabens** im Grenzbereich Wellenkalk-Folge (Unt. Muschelkalk) / Pelitröt (Ob. Buntsandstein) nördl. Kloster Michaelstein, Beginn eines **Geologischen Lehrpfads**, Info-Tafel **nahebei:** Erdfall am N-Hang d. Gr. Probstbergs, Info-Tafel	N 51.81101°	E 10.91550°	155
88	**Karsthöhle Volkmarskeller** in Riffkalken im Klostergrund ca. 1 km nordöstl. Eggeröder Brunnen, Info-Tafel, Gebäudereste oberh. Höhle	N 51.78783°	E 10.87259°	156
89	**Kalkstbr.** an Str. nahe Mönchemühlenteichen in Michaelstein, Unt. Muschelkalk diskordant von Oberkreide überlagert, Info-Tafel	N 51.80655°	E 10.92101°	156
90	Wasserräder der ehem. **Regensteinmühle** am Mühlenwanderweg westl. der Festung Regenstein, Info-Tafeln **im Umfeld:** zahlreiche Reste wasserbaulicher Anlagen, Rad- und Trittspuren im Heidelberg-Sandstein	N 51.81659°	E 10.94870°	158
91	**Festung Regenstein** (Messpkt. am Zugang) auf Heidelberg-Sandstein mit vielfältigen Sedimentstrukturen, 360°-Blick	N 51.81392°	E 10.95850°	158
92	**Sandgrube im Heers** mit künstl. Höhlen ostnordöstl. Festung Regenstein, einstiger Abbau von Stubensand	N 51.81653°	E 10.96673°	160

	Lage und Beschreibung	Nordwert	Ostwert	Seite
93	**Grotte** gegenüber Bodebrücke in Rübeland, ehem. Marmorbruch, Riffkalk, Bioherm **nahebei:** Herzklippe (Bärenfelsen), Riffkalk, Bioherm	N 51.75451°	E 10.84625°	166
94	Hanganschnitt in oberdevonischen **Buntschiefern** oberh. der Straße Rübeland – Susenburg nahe der Zufahrt zum Kalkwerk Rübeland	N 51.75032°	E 10.83243°	171
95	**Schaubergwerk Büchenberg,** Untertageaufschlüsse von Eisenerzlagern, Beginn eines **Bergbaulehrpfads**	N 51.79127°	E 10.81798°	174, 179
96	**Großer Graben,** ringförmige Pinge 600 m südöst . Elbingerode, ehem. Abbau d. Eisernen Huts einer Sulfidlagerstätte, Info-Schild **nahebei:** Schachtgerüst der ehem. Grube Einheit	N 51.75979°	E 10.82169°	176
97	**Harzmuseum** in Wernigerode	N 51.83255°	E 10.78364°	178
98	**Heimatmuseum** in Altenbrak	N 51.72627°	E 10.94435°	178
99	**Hütten- und Technikmuseum** in Ilsenburg	N 51.86405°	E 10.67889°	178
100	**Museum Heineanum** in Halberstadt	N 51.89625°	E 11.04839°	178
101	**Bergwerksmuseum Grube Glasebach** in Straßberg	N 51.61271°	E 11.06010°	179
102	**Geologisches Fenster** im Bürgerpark Wernigerode	N 51.84298°	E 10.77295°	180
103	**Harzköhlerei Stemberghaus** zw. Wendefurth u. Hasselfelde	N 51.72191°	E 10.89617°	180
104	**Info-Zentrum u. geol. Info-Pkt.** an der Talsperre Wendefurth	N 51.74105°	E 10.91837°	7, 180
105	**Info-Punkt an der Rappbodetalsperre** des Harzer Urania e. V., Aussichtsterrasse	N 51.74163°	E 10.89078°	7, 180
106	**Brockenhaus** auf dem Brockengipfel **nahebei:** Brockengarten	N 51.80051°	E 10.61578°	129, 181

	Lage und Beschreibung	Nordwert	Ostwert	Seite
107	**Nationalpark-Besucherzentrum TorfHaus**	N 51.80270°	E 10.53690°	118, 181
108	**Nationalparkhaus Ilsetal**	N 51.85540°	E 10.67225°	181
109	**Nationalparkhaus Schierke**	N 51.77266°	E 10.64223°	181
110	**Naturerlebniszentrum HohneHof** bei Drei-Annen-Hohne **nahebei:** Löwenzahn-Entdeckerpfad	N 51.77550°	E 10.71917°	116, 181

Ortsverzeichnis

Literaturverzeichnis

Erläuterungen zu den amtlichen Geologischen Karten

BODE, A. & ERDMANNSDÖRFFER, O. H. (1927): Erläuterungen zur Geologischen Karte von Preußen und benachbarten deutschen Ländern – Blatt St. Andreasberg. Preußische Geologische Landesanstalt (Hrsg.), Berlin, 79 S.

ERDMANNSDÖRFFER, O. H. (1926): Erläuterungen zur Geologischen Karte von Preußen und benachbarten deutschen Ländern – Blatt Elbingerode. Preußische Geologische Landesanstalt (Hrsg.), Berlin, 44 S.

ERDMANNSDÖRFFER, O. H., FLIEGEL, G. & SCHROEDER, H. (1930): Erläuterungen zur Geologischen Karte von Preußen und benachbarten deutschen Ländern – Blatt Blankenburg. Preußische Geologische Landesanstalt (Hrsg.), Berlin, 69 S.

ERDMANNSDÖRFFER, O. H. & SCHROEDER, H. (1926): Erläuterungen zur Geologischen Karte von Preußen und benachbarten deutschen Ländern – Blatt Wernigerode. Preußische Geologische Landesanstalt (Hrsg.), Berlin, 70 S.

ERDMANNSDÖRFFER, O. H. & SCHRÖDER, H. (1927): Erläuterungen zur Geologischen Karte von Preußen und benachbarten deutschen Ländern – Blatt Harzburg. Preußische Geologische Landesanstalt (Hrsg.), Berlin, 119 S.

SCHRIEL, W. (1928): Erläuterungen zur Geologischen Karte von Preußen und benachbarten deutschen Ländern – Blatt Benneckenstein. Preußische Geologische Landesanstalt (Hrsg.), Berlin, 47 S.

SCHROEDER, H. (1928): Erläuterungen zur Geologischen Karte von Preußen und benachbarten deutschen Ländern – Blatt Halberstadt. Preußische Geologische Landesanstalt (Hrsg.), Berlin, 72 S.

SCHROEDER, H. & DAHLGRÜN, F. (1927a): Erläuterungen zur Geologischen Karte von Preußen und benachbarten deutschen Ländern – Blatt Derenburg. Preußische Geologische Landesanstalt (Hrsg.), Berlin, 81 S.

SCHROEDER, H. & DAHLGRÜN, F. (1927b): Erläuterungen zur Geologischen Karte von Preußen und benachbarten deutschen Ländern – Blatt Quedlinburg. Preußische Geologische Landesanstalt (Hrsg.), Berlin, 109 S.

WEISSERMEL, W. (1926): Erläuterungen zur Geologischen Karte von Preußen und benachbarten deutschen Ländern – Blatt Ballenstedt. Preußische Geologische Landesanstalt (Hrsg.), Berlin, 30 S.

Weiterführende Literatur

AEHNELT, M. & WELLER, H. (2004): Die ältesten Kalke im Elbingeröder Riffkomplex (Harz): Conodontenstratigraphische Datierung einer Vorphase der Riffentwicklung. Senckenbergiana lethaea, 84 (1/2): 195–223.

BERGVEREIN ZU HÜTTENRODE E.V. (Hrsg.) (2010): 1000 Jahre Bergbau im Hüttenröder Revier: Der Bergbau auf Eisen- und Kupfererz sowie Schiefer- und Kalkabbau. Hüttenröder Edition Nr. 1, Bergverein zu Hüttenrode e.V., 240 S.

BEUG, H.-J., HENRION, I. & SCHMÜSER, A. (1999): Landschaftsgeschichte im Hochharz: Die Entwicklung der Wälder und Moore seit dem Ende der letzten Eiszeit. Gesellschaft zur Förderung des Nationalparks Harz e.V. (Hrsg.), Papierflieger Verlag, Clausthal-Zellerfeld, 454 S.

DOBLER, L. (1998): Der Einfluß der Bergbaugeschichte im Ostharz auf die Schwermetalltiefengradienten in historischen Sedimenten und die fluviale Schwermetalldispersion in den Einzugsgebieten von Bode und Selke im Harz. Diss. Univ. Halle-Wittenberg, Mathematisch-Naturwissenschaftlich-Technische Fakultät, 120 S. http://webdoc.sub.gwdg.de/ebook/tm/2002/pub/geo/99H196/prom.pdf

FRANKE, D. (2016): Regionale Geologie von Ostdeutschland – Ein Wörterbuch. http://www.regionalgeologie-ost.de

FRANZKE, H.-J. & SCHWAB, M. (2011): Harz, östlicher Teil: mit Kyffhäuser Kristallin. Sammlung geologischer Führer, Bd. 104, Gebr. Borntraeger, Stuttgart, 327 S.

FRANZKE, H. J., VOIGT, T. & v. EYNATTEN, H. (2005): Aufschlüsse am Königstein (Teufelsmauer) bei Neinstedt. Exkursionsf. u. Veröffentl. der GGW, 227, Vortrags- und Exkursionstagung „Harzgeologie 2005“, 6.–7.5.2005, Halle/Saale: 38–39.

FRIEDEL, C.-H. (1996): Tektonik und Metamorphose im östlichen Mittelharz. Scientific Technical Report, 96(07), GeoForschungsZentrum Potsdam, 159 S.

FRIEDEL, C.-H. (2009): Der Krockstein bei Neuwerk – Variszische Deformation und Metamorphose im Elbingeröder Komplex. Exkurs.f. u. Veröffentl. der DGG, 239, 3. Workshop „Harzgeologie“, 8.–9.5.2009, Halle (Saale): 33–38.

FRIEDEL, C.-H. & WELLER, H. (2012): Besucherbergwerk Büchenberg. Hallesches Jahrbuch für Geowissenschaften, Beiheft 28., 4. Workshop „Harzgeologie“, 19.–20.10.2012, Roßla: 75–79.

FRIEDEL, C.-H. & ZWEIG, M. (2013): Das klassische Profil im Hüttenröder Olisthostrom bei Königshütte. Hallesches Jahrbuch für Geowissenschaften, Beiheft 31, BIMrock-Exkursion Harz, 7.–9.6.2013, Bad Sachsa: 15–17.

KNOLLE, F., OESTERREICH, B., SCHULZ, R. & WREDE, V. (1997): Der Harz: Geologische Exkursionen. Justus Perthes Verlag, Gotha, 230 S.

KÖNIG, W. (2008): Zeitliche und genetische Einordnung von tertiären Sedimentvorkommen im Mittelharz und im Harzvorland – Ein Beitrag zur Reliefentwicklung und zur Karstmorphogenese im Harz. Diss. Univ. Halle-Wittenberg, Naturwiss. Fak., 151 S. http://nbn-resolving.de/urn/resolver.pl?urn=nbn%3Ade%3Agbv%3A3-000014953

LIEßMANN, W. (2010): Historischer Bergbau im Harz: Kurzführer. 3. Aufl., Springer-Verlag, Berlin, Heidelberg, 470 S.

LUTZENS, H. (1991): Flysch, Olisthostrome und Gleitdecken im Unter- und Mittelharz. Z. geol. Wiss., 19 (6): 617–623.

MOHR, K. (1993): Geologie und Minerallagerstätten des Harzes. 2. Aufl., E. Schweizerbartsche Verlagsbuchhandlung, Stuttgart, 496 S.

MUCKE, D. (1973): Initialer Magmatismus im Elbingeröder Komplex des Harzes. Freiberger Forschungshefte, Reihe C 279, VEB Deutscher Verlag für Grundstoffindustrie, Leipzig, 221 S.

MÜLLER, R. & FRANZKE, H.-J. (2014): Oberharz. Streifzüge durch die Erdgeschichte, Ed. Goldschneck im Quelle & Meyer Verlag, Wiebelsheim, 144 S.

MÜLLER, G. & Strauß, K. W. (1987): Gesteine des Harzes. Clausthaler Geologische Abhandlungen, Sonderband 5, Verlag Ellen Pilger, Clausthal-Zellerfeld, 297 S.

OBST, K., KATZUNG, G. & HAUPT, U. (2001): Gangmagmatismus im Mittelharz als Indikator für spätvariszische Dehnungstektonik. N. Jb. Geol. Paläont. Abh., 219 (3): 393–432.

PATZELT, G. (2003): Nördliches Harzvorland: (Subherzyn), östlicher Teil. Sammlung geologischer Führer, Bd. 96, Gebr. Borntraeger, Berlin, Stuttgart, 182 S.

REGIONALVERBAND HARZ E. V. (Hrsg.) (2010): Harzer Pflanzenwelt erleben. Unterwegs im Natur- und Geopark. Regionalverband Harz e. V., Quedlinburg, 111 S.

REICHSTEIN, M. (1991): Harztektonik, „Lobostrome“ und Gleitvorgänge an der Krimküste. Z. geol. Wiss., 19 (6): 601–610.

ROTHE, P. (2006): Die Geologie Deutschlands: 48 Landschaften im Portrait. 2. Aufl., Primus Verlag, Darmstadt, 240 S.

RUCHHOLZ, K. (1991): Zur geologischen Gliederung des Elbingeröder Komplexes (Harz). Wissenschaftliche Beiträge der Ernst-Moritz-Arndt-Universität Greifswald (Heft: Fortschritte der Geologie): 37–39.

RUCHHOLZ, K. & WELLER, H. (1988): Stratigraphie, Lithologie, Tektonik und Lagerstätten des Elbingeröder Komplexes. Exkursionsführer zur Vortrags- und Exkursionstagung „Stratigraphie, Lithologie, Tektonik und Lagerstätten ausgewählter Bereiche im Unter- und Mittelharz“, Exk. A, Elbingerode/Harz, Gesellschaft für Geologische Wissenschaften der DDR (GGW): 5–16.

RUCHHOLZ, K. & WELLER, H. (1991): Der Elbingeröder Komplex: Räumliche Gliederung und stoffliche Entwicklung. Z. geol. Wiss., 19 (6): 655–661.

SCHUST (1958): Über das Altersverhältnis des Bodeganges zum Ramberggranit. Ber. geol. Ges. DDR, 3 (1): 75–79.

SCHWAB, M. (1995): Karl August Lossen und die geologische Kartierung des Harzes. Zbl. Geol. Paläont. Teil I, 1993 (9/10): 1059–1074.

STEDINGK, K., RENTZSCH, J., KNITZSCHKE, G., SCHENKE, G., HEINRICH, K. & SCHEFFLER, H. (2002): Potenziale der Erze und Spate in Sachsen-Anhalt. In: LANDESAMT FÜR GEOLOGIE UND BERGWESEN SACHSEN-ANHALT (Hrsg.): Rohstoffbericht 2002: Verbreitung, Gewinnung und Sicherung mineralischer Rohstoffe in Sachsen-Anhalt. Mitteil. Geol. Sachsen-Anhalt, Beih. 5: 75–132.

THIES, C., TSCHARNTKE, T., BECKER, K.-W., GERKEN, M., INHETVEEN, H., BERGMANN, H. & MARGGRAF, R. (Hrsg.) (2006): Die Harzer Bergwiesen und das Harzer Rotvieh – Management alter Kulturlandschaften. Landwirtschaft und Umwelt, Heft 13, Fakultät für Agrarwissenschaften der Georg-August-Universität Göttingen, 67 S. https://www.uni-goettingen.de/de/document/download/e1236619aac627ae18d1f2d13a941856.pdf/LandwirtschaftUNDUmwelt13_2005.pdf

TIETZ, O. (1995): Zur Geologie des Bodeganges an den Gewitterklippen bei Thale/Harz. Zbl. Geol. Paläont., Teil I, 1993 (9/10): 1574–1576.

TIETZ, O. (1996): Zur Geologie, Geochemie, Zirkon- und Xenolithführung des Bodeganges an den Gewitterklippen bei Thale (Harz), sowie vergleichende Untersuchungen zur Zirkontypologie benachbarter permosilesischer Magmatite. Abh. Ber. Naturkundemus. Görlitz 69/4: 1–100.

TIETZ, O., EHLING, B.-D. & TICHOMIROWA, M. (2005): Erste radiometrische Altersbestimmung eines Granitoid-Xenoliths vom Bodegang im Harz. Exkursionsf. u. Veröffentl. der GGW, 227, Vortrags- und Exkursionstagung „Harzgeologie 2005“, 6.–7.5.2005, Halle/Saale: 28–30.

TRÖGER, K.-A. (1996): Die Oberkreide im Subherzynen Becken. Exkursionsf. u. Veröffentl. der GGW, 197: 215–228.

WACHENDORF, H. (1986): Der Harz – variszischer Bau und geodynamische Entwicklung. Geol Jb., Reihe A 91: 3–67.

WALTER, R. (2003): Erdgeschichte: Die Entstehung der Kontinente und Ozeane. 5. Aufl., Walter de Gruyter, Berlin, 325 S.

WELLER, H. (1989): Das Rübeländer Mud Mound im Riffkomplex von Elbingerode (Harz) und seine sedimentologischen Eigenschaften. Hercynia, N.F., 26: 321–337.

WELLER, H. (1991a): Fazies und Stratigraphie des Atollstadiums im Elbingeröder Komplex/Harz. Z. geol. Wiss., 19 (6): 663–671.

WELLER, H. (1991b): Facies and Devolopment of the Devonian (Givetian/Frasnian) Elbingerode Reef Complex in the Harz Area (Germany). Facies, 25: 1–50.

WELLER, H. (2012): Eine neue Geologische Karte des Elbingeröder Komplexes/Harz – GK EK 2011. Hallesches Jahrbuch für Geowissenschaften, Beiheft 28, 4. Workshop „Harzgeologie", 19.–20.10.2012, Roßla: 57–62.